高压电缆现场状态综合检测百问百答及应用案例

周利军　叶　頲　顾黄晶　何邦乐・编著

上海科学技术出版社

图书在版编目（CIP）数据

高压电缆现场状态综合检测百问百答及应用案例 / 周利军等编著. -- 上海 : 上海科学技术出版社, 2021.7
ISBN 978-7-5478-5394-8

Ⅰ. ①高… Ⅱ. ①周… Ⅲ. ①高压电缆－检测－问题解答 Ⅳ. ①TM247-44

中国版本图书馆CIP数据核字(2021)第123910号

高压电缆现场状态综合检测百问百答及应用案例
周利军　叶　頲　顾黄晶　何邦乐　编著

上海世纪出版(集团)有限公司
上 海 科 学 技 术 出 版 社　出版、发行
(上海钦州南路 71 号　邮政编码 200235　www.sstp.cn)
上海展强印刷有限公司印刷
开本 787×1092　1/16　印张 14.5
字数：300 千字
2021 年 7 月第 1 版　2021 年 7 月第 1 次印刷
ISBN 978-7-5478-5394-8/TM・72
定价：100.00 元

本书如有缺页、错装或坏损等严重质量问题，
请向工厂联系调换　电话：021-66366565

内容提要

本书不仅探讨了高压电缆状态综合检测的本质，还梳理了做好高压电缆状态综合检测的方法，探讨了建立高压电缆状态综合检测评估体系的途径，可以从各个角度提高读者对高压电缆状态综合检测的认知水准。

高压电缆状态综合检测手段包括耐压试验(交流耐压试验和直流耐压试验)、红外检测、充油电缆状态检测、接地电流检测等成熟技术手段，以及宽频阻抗谱、振荡波、涡流探伤、X 射线、紫外成像、超低频介质损耗检测等新技术手段。本书立足现场应用实践，对每项检测手段做了详细的阐释，力求帮助读者掌握每项检测技术的使用方法和应用诀窍。

本书可供电缆从业人员研究、学习、培训、参考，也可供高校相关专业的师生进行参考。

本书还提供了课件资源，可与本书相应内容配套使用，读者可扫描封底二维码获取。

编委会

序

近年来，随着城市电缆化率的不断提高，实时掌握高压电缆状态，及时发现电缆运行缺陷及潜在风险已成为各个电缆运维单位的核心工作。为了做好这一工作，电缆行业内涌现出了各种不同的状态综合检测技术，不仅检测对象、测试原理各不相同，应用效果也评价不一，为电缆状态综合检测工作的开展带来了困扰。如何更好地运用这些相关技术对目标电缆系统状态做出客观正确的评价，已成为电缆运行维护人员十分关切的问题。十多年来，国家电网上海电缆公司一直致力于高压电缆状态综合检测技术的研究与推广应用，无论从对相关技术的推广广度还是对具体问题的理解深度，均取得了具有先锋意义的成绩。此次，国家电网上海电缆公司组织状态检测技术的专家，集合多年的宝贵经验与心得，精心编写了本书，旨在为推动电缆状态检测技术的发展尽一份力。

本书内容详实、脉络清晰、结构完整，从现场应用的角度出发为电缆运行维护从业人员答疑解惑。本书从电缆运维过程中最常见的缺陷切入，讲解了电缆状态综合检测中应用最为广泛的预防性试验、红外测温等技术，详细阐述了各个检测手段的原理和现场应用难点，并从电缆的状态量入手，提出了一套基于电缆状态综合检测的状态评估体系，指导读者把检测结果与电缆状态联系起来，为下一步更好地实现电缆状态综合评估提供了方向和建议。书中第二篇的典型案例凝聚了全体上海电缆人踏实工作、勇于创新的智慧和汗水，这些成果不仅对国内电缆状态检测工作的开展有着重要意义，也为广大电缆从业人员积累经验、少走弯路提供了捷径。

“道虽迩，不行不至；事虽小，不为不成”，国家电网上海电缆公司以提升电缆状态检测能力为己任，经过十几年的实践和探索方推出本书，可谓用心良苦。

接到电缆公司的邀请为本书作序，我感到非常荣幸，希望广大电缆从业人员在阅读此书的过程中能体会到编者的良苦用心并有所收获，衷心感谢为本书编撰与出版做出贡献与努力的所有人员！

2021 年 7 月

前　言

随着城市发展的日新月异，电网架构也随之发生改变，部分发达城市的电缆化率已高达90%。高压电缆状态综合检测技术，作为目前发现电缆隐患、查找电缆缺陷最有效的手段之一，已被各电缆运维单位广泛应用。然而，随着应用的不断深入，测试效率不高、应用场景模糊等问题逐渐出现，要如何系统地、全面地开展高压电缆的状态综合检测呢？本书给您提供了答案。

国家电网上海电缆公司是国内最早开展高压电缆综合状态检测的单位之一，十几年来从未停止。此次更是集全公司之力精心编写本书，将多年来宝贵的现场检测经验凝聚其中，旨在为全国电缆状态综合检测技术的发展助力。

本书以现场经验为基石，结合图表、漫画等新颖丰富的表达形式，内容详实、通俗易懂，是一本兼顾适岗培训和技能提升的专业图书。全书的内容分为技术问答和案例分享两个部分，其中技术问答分为七章：第一章总领全书，提出了一种基于缺陷类型的状态综合检测应用模式，以此实现各项检测技术在高压电缆领域的效能最大化；第二章到第六章从现场应用的角度，对各个状态综合检测技术的作业规范、难点和关键点进行了详细的阐释。对于日渐减少的高压充油电缆，因其具有故障率低、运行稳定的优点，其运行维护和状态检测经验都十分宝贵，故本书也做了介绍。此外，本书还汇编了宽频阻抗谱、振荡波耐压局部放电、涡流探伤等高压电缆状态综合检测新技术，并提出了一套高压电缆综合状态体系，希望以百花齐放、百家争鸣的姿态，推动技术前行，实现高压电缆状态的正确评估。全书的最后是上海高压电缆状态综合检测经典案例的汇总与分享，每一个案例都包含发现缺陷、消除缺陷、故障解剖、经验总结等方面，力求完整、立体地展现案例经过，为广大电缆从业人员提供实实在在的帮助和借鉴。

本书在编写过程中得到了上海三原电缆附件有限公司、上海合测电子科技有限公司和彼岸（上海）光电科技有限公司等的大力支持，在此一并表示衷心的感谢！同时，特别感谢国家电网上海检修公司黄天崎为本书提供绘图支持！最后，受到各地电缆运行方式差异化的限制，加之编写者学识水平的局限，书中肯定会有不少问题和疏漏之处，恳请广大读者及技术专家批评指正。

顾黄晶

2021 年 7 月

（现场状态综合检测的局部放电检测内容，参见本系列前作——《高压电缆现场局部放电检测百问百答及应用案例》）

目　录

第一篇・百问百答

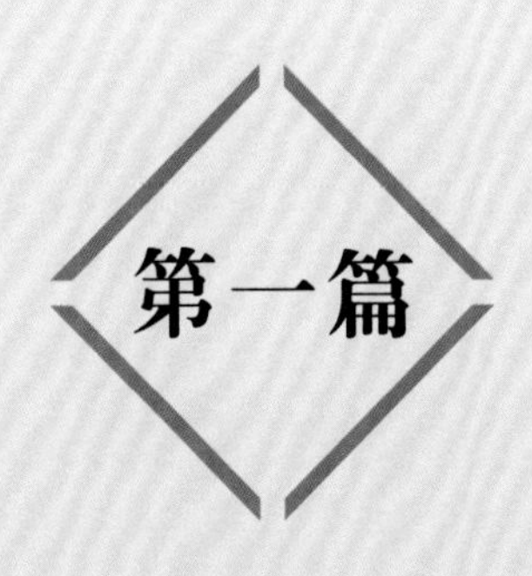

第一篇

百问百答

第一章

高压电缆现场状态综合检测概述

1 什么是高压电缆现场状态综合检测？

高压电缆现场状态综合检测是针对不同电缆设备对象及现场条件，选取一种或多种适合的检测手段，按照正确的方法实施现场检测，根据检测结果综合判断缺陷类型、部位及严重程度，从而更有效地发现高压电缆线路缺陷，并科学评估高压电缆现场运行状态量。

2 为什么要进行高压电缆现场状态综合检测？

高压电缆线路是电力系统中传输电能的重要组成部分。高压电缆线路运行维护工作的核心目标是避免线路发生故障跳闸。在故障跳闸前，高压电缆线路一般会由正常状态转变为缺陷状态，如果不进行及时干预，线路将进一步劣化并引发故障跳闸。围绕这个核心目标，高压电缆线路运行维护的主要工作包括两方面：一是排查治理隐患，即消除由正常运行向缺陷、故障状态发展的外界不利因素；二是发现并消除缺陷，即在线路故障跳闸前，及时发现并消除缺陷，使其恢复正常运行状态，如图1所示。状态综合检测即在于探讨如何更有效地发现高压电缆线路的各类缺陷。促使高压电缆线路由正常运行向缺陷、故障状态发展的外界不利因素，称为隐患。

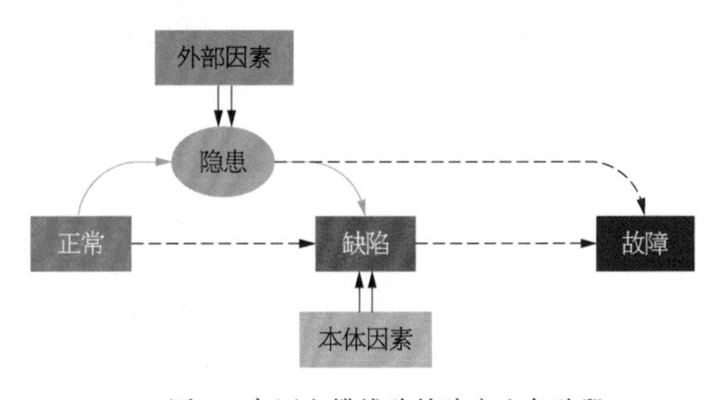

图1 高压电缆线路故障产生各阶段

3 怎样做好高压电缆现场状态综合检测?

高压电缆现场状态综合检测应做好以下四个方面：一是深入认识检测对象，认识高压电缆的基本组成，各部件的主要作用，常见的缺陷类型及部位，缺陷产生发展的机理等；二是科学选取检测手段，了解不同检测手段针对高压电缆的不同设备部件、缺陷类型、现场条件等的适用条件，并据此科学选取有效的检测手段；三是正确掌握检测方法，掌握正确的仪器装置的使用步骤及结果判断方法；四是总结积累检测经验，通过现场应用实践及实际检测案例，总结积累经验，提高前三个方面的能力水平，如图 2 所示。

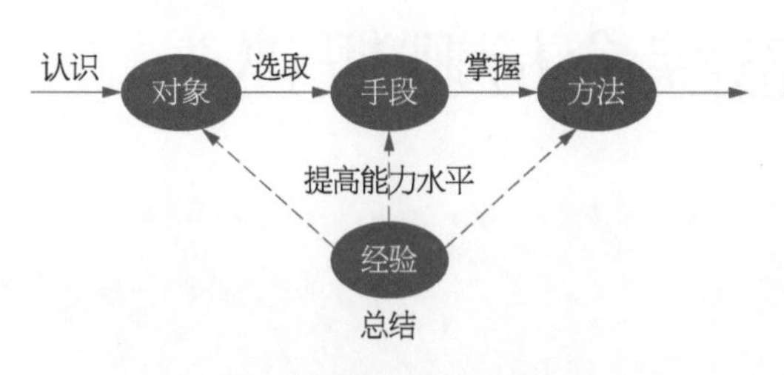

图 2 做好高压电缆现场状态综合检测的方法

4 高压电缆现场状态综合检测的主要检测对象有哪些?

高压电缆现场状态综合检测的主要检测对象是由电缆本体、电缆附件和附属设备等构成的高压电缆线路。如图 3 所示。

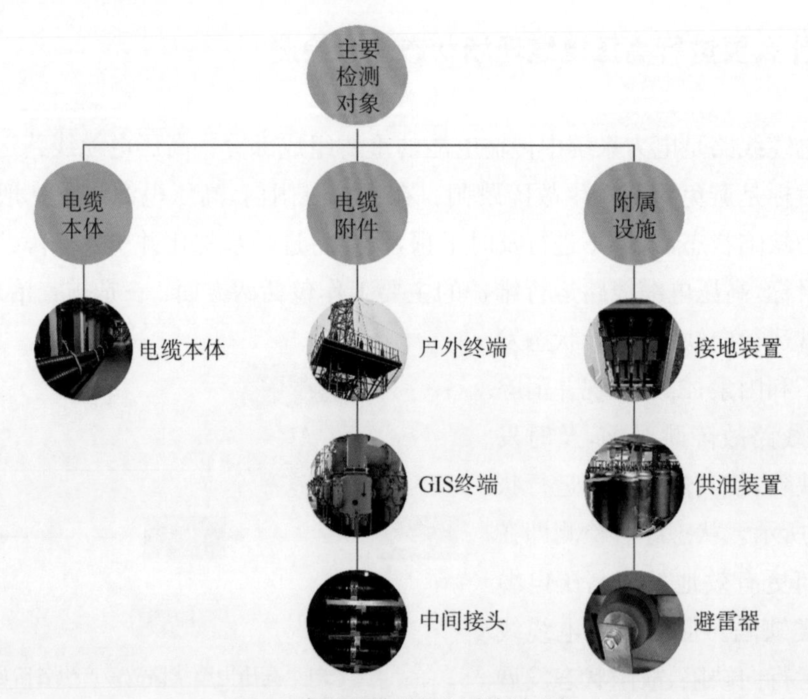

图 3 高压电缆现场主要检测对象

5 高压电缆现场状态综合检测的检测对象包含哪些典型缺陷？

高压电缆由内向外可大致分为三个主要组成部分——线芯、绝缘和接地，如图 4 所示。线芯部分会通过负荷电流，需保证良好的金属导体连接；绝缘部分承担高电压，需保证良好的绝缘性能；接地部分流过接地电流，需保证接地系统良好。高压电缆附件的结构较为复杂，但也是通过预制件、带材绕包、金具组装等来最终保证在附件部位也能满足这三个主要组成部分的性能要求。高压电缆线路缺陷可大致归类为在线芯连接、绝缘性能、接地系统中的一个或多个方面不满足要求。

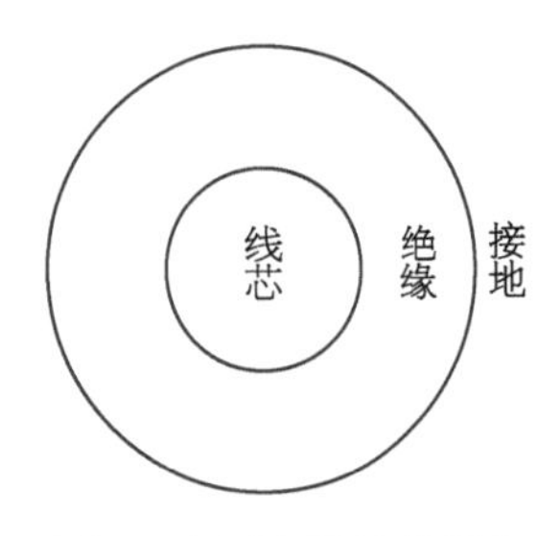

图 4　高压电缆组成部分

根据路设备部位及缺陷类型，可将高压电缆线路的典型缺陷进行分类，见表 1。

表 1　高压电缆线路典型缺陷

设备部位	缺陷类型		
	线芯连接缺陷	绝缘性能缺陷	接地系统缺陷
电缆本体	—	绝缘内部杂质、气隙；半导电屏蔽内嵌；充油电缆漏油	护层多点接地；缓冲层烧蚀
电缆附件	导体连接不良	安装工艺尺寸错误；产品材料性能不良；户外终端漏油	搪铅工艺不良；户外终端地基沉降
附属设备	—	—	换位排、回流线安装错误或被偷盗缺失

6 高压电缆现场状态综合检测的主要检测手段有哪些？

高压电缆线路的内部缺陷将引发外在现象的变化，如电参数（电阻、电流、电压）的变化、发热、放电等。高压电缆现场状态综合检测是通过仪器装置来检测高压电缆线路缺陷引发的外在现象，进而对内部缺陷情况进行判断评估的过程。不同的检测手段有不同的适用性，因此选择合适的检测手段至关重要。

高压电缆现场状态综合检测的主要检测手段包括接地电流检测、高频局部放电检测、红外测温、油样检测、交流/直流耐压检测，以及局部放电重症监护、极坐标局部放电检测、声波成像、紫外检测、宽频阻抗谱检测、振荡波检测、涡流探伤、X 射线检测等，见表 2。

表 2　高压电缆现场状态综合检测的主要检测手段

缺陷外在现象	检测手段
电参数变化	交流/直流耐压检测、接地电流检测、宽频阻抗谱检测、振荡波检测、涡流探伤、X射线检测、超低频介质损耗检测、直流电阻测试、核相
放电	高频局部放电检测、局部放电重症监护、极坐标局部放电检测、声波成像、紫外检测
发热	红外测温
外观	无人机红外巡检
组成成分变化	油样检测

7 高压电缆现场状态综合检测检测手段是如何应用的?

在高压电缆现场状态综合检测中选取检测手段需考虑检测对象的线路状态(运行/停电)、设备绝缘类型(XLPE/充油)、现场实际条件(变电站内/户外/隧道等),以及检测手段的适用设备部件(电缆本体/电缆附件/附属设备)、缺陷类型(线芯导体/主绝缘/接地系统)、检测覆盖范围(逐点/分段/全线),适用典型缺陷等,见表 3。

表 3　各检测手段适用条件

检测手段	检测现象	线路状态	设备部件	缺陷类型	覆盖范围	适用典型缺陷或场景
接地电流	电参数变化	运行	附属设备	接地系统	分段	换位排、回流线安装错误或被偷盗缺失等
红外测温	发热	运行	电缆附件	—	逐点	户外终端各类型缺陷
高频局部放电	放电	运行	电缆本体、电缆附件	绝缘性能	分段	在交叉互联(接地)箱检测
油样检测	组成成分变化	—	—	绝缘性能	分段	充油电缆
耐压试验	电参数变化	停电	—	—	全线	电缆全线状态整体评估
涡流探伤	电参数变化	停电	电缆附件	接地系统	逐点	户外终端搪铅工艺不良
紫外检测	放电	运行	电缆附件	绝缘性能	逐点	户外终端、GIS 终端放电位置定位
无人机红外巡检	外观变化	—	电缆附件	接地系统	逐点	户外终端异常温升、热缩管开裂、接地线断裂等

（续表）

检测手段	检测现象	线路状态	设备部件	缺陷类型	覆盖范围	适用典型缺陷或场景
直流电阻	电参数变化	停电	电缆本体	线芯	全线	电缆全线状态整体评估
核相	电参数变化	停电	电缆本体	线芯	全线	电缆全线状态整体评估

注：1. 门式局部放电、极坐标局部放电检测同高频局部放电；2. 宽频阻抗谱、X 射线、超低频介质损耗、振荡波同耐压试验；3. 声波成像同紫外检测。

不同检测手段能够检测的缺陷类型如图 5 所示。

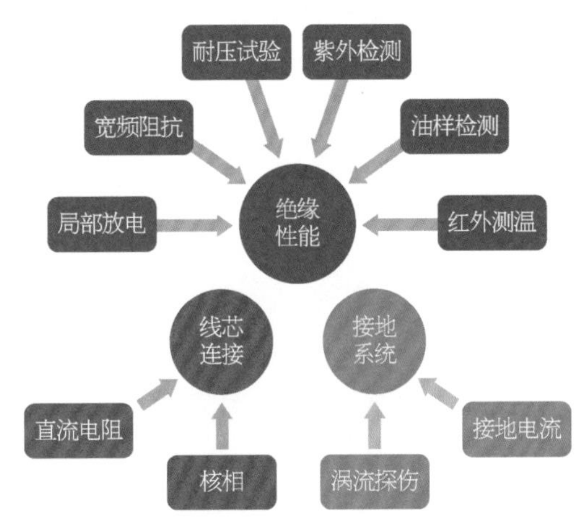

图 5 检测手段适用的缺陷类型

8 高压电缆现场状态综合检测结果的判断方法有哪些?

根据检测手段的不同，对检测结果的判断方法也不同，但大致可归类为根据数值、波形、图谱中的一种或几种来进行结果判断，如图 6 所示。一些新型检测仪器装置内置

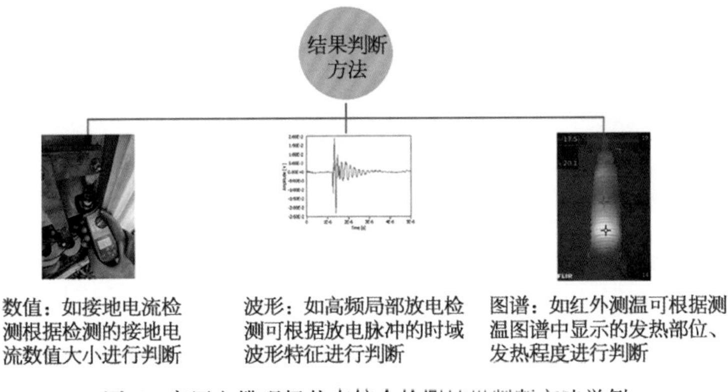

图 6 高压电缆现场状态综合检测结果判断方法举例

了检测结果判断程序或算法,可自动给出检测判断结果。

9 怎样做好高压电缆现场状态综合检测的结果判断?

做好高压电缆现场状态综合检测的结果判断,需做好检测结果的综合分析比对工作,以准确判断高压电缆线路缺陷的类型、部位及严重程度。建议建立状态综合检测大数据分析平台,以充分挖掘利用检测数据的价值。检测结果的综合分析比对工作主要包括:

(1) 相同检测方法不同检测时间的检测结果;

(2) 相同检测方法不同检测仪器的检测结果;

(3) 多种检测方法的检测结果;

(4) 历史检测案例的检测结果。

第二章

高压电缆预防性试验

第一节 · 概述

10 什么是预防性试验？

预防性试验是指为了发现运行中设备的隐患，预防事故或设备损坏，对设备进行的检查、试验或监测，也包括提取油样或气样进行的试验。

11 什么是高压电缆预防性试验？

高压电缆预防性试验是指，为了及时发现和排除高压电缆线路在运行中发生和发展的隐形缺陷，防止发生绝缘击穿，根据电缆的运行状况和生产需要按一定周期进行的试验。高压电缆预防性试验是判断电缆线路能否继续投入运行和预防电缆在运行中发生故障的重要措施，是电缆进行状态检测最有效的手段。

12 高压电缆的预防性试验项目、周期是如何规定的？

高压电缆线路的预防性试验主要有：绝缘电阻测试、直流耐压试验、泄漏电流试验、交流耐压试验、介质损耗因数试验、局部放电测试试验、电缆油样试验等。

目前，110 kV 及以上电缆主要为交联聚乙烯绝缘电缆，高压电缆预防性试验的一般规定如图 7 所示，一些发达地区有部分充油电缆，本章节主要介绍这两种电缆的预防性试验项目、周期和要求。高压电缆线路在停电后投运之前必须确认电缆的绝缘状况良好，可分别采取表4中的试验周期确定。为了提高设备可用率，减少重复停电时间，高压电缆线路预防性试验周期尽可能与其他电气设备检修周期同步。凡重要电缆线路和运行中发现缺陷，或预防性试验结果不符合试验标准而在监视条件下运行的电缆线路，其预防性试验周期应当适当缩短。

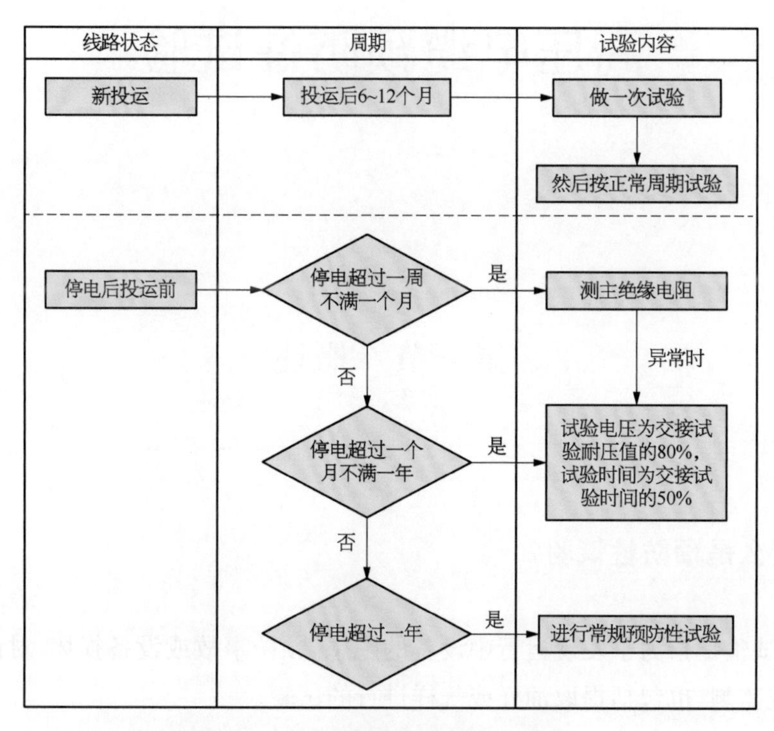

图7　高压电缆预防性试验的一般规定

表4　110 kV及以上交联聚乙烯绝缘电缆的试验项目、周期和要求

序号	项目	周期	判据	说明
1	主绝缘的绝缘电阻	(1) 重要电缆：1年 (2) 一般电缆：3年	大于1 000 MΩ	35 kV及以上电缆可用5 000 V兆欧表
2	外护套绝缘电阻	110 kV及以上：3年	每千米绝缘电阻值不低于0.5 MΩ	(1) 采用1 000 V兆欧表 (2) 对外护套有引出线者进行
3	带电测试外护层接地电流	110 kV及以上：1年	单回路敷设电缆线路，一般不大于电缆负荷电流值的10%，多回路同沟敷设电缆线路，应注意外护套接地电流变化趋势，如有异常变化应加强监测并查找原因	选择当日负荷较大时测量，用钳型电流表测量

（续表）

<table>
<tr><th>序号</th><th>项目</th><th>周期</th><th>判据</th><th>说明</th></tr>
<tr><td>4</td><td>外护套直流耐压试验</td><td>110 kV 及以上：必要时</td><td>按制造厂规定执行</td><td>必要时，如怀疑外护套绝缘有故障时</td></tr>
<tr><td>5</td><td>主绝缘交流耐压试验</td><td>(1) 大修新作终端或接头后
(2) 必要时</td><td>试验电压值按下表规定，加压时间 60 min，不击穿
<table>
<tr><th>电压等级</th><th>试验电压</th><th>时间</th></tr>
<tr><td>35 kV</td><td>$2U_0$</td><td>60 min</td></tr>
<tr><td>110 kV</td><td>$2U_0$</td><td>60 min</td></tr>
<tr><td>220 kV 及以上</td><td>$1.7U_0$</td><td>60 min</td></tr>
</table></td><td>(1) 对于运行年限较久（如 5 年以上）的电缆线路，可选用较低的试验电压或较短的时间
(2) 必要时，如怀疑电缆有缺陷时</td></tr>
<tr><td>6</td><td>局部放电测试</td><td>必要时</td><td>按相关检测设备要求，或无明显局部放电信号</td><td>可采用振荡波、超声波、超高频等检测方法</td></tr>
<tr><td>7</td><td>护层保护器的绝缘电阻或直流伏安特性</td><td>6 年</td><td>按 Q/GDW 11316—2018《高压电缆线路试验规程》执行</td><td>—</td></tr>
<tr><td>8</td><td>接地箱、保护箱连接接触电阻和连接位置的检查</td><td>110 kV 及以上：必要时</td><td>按 Q/GDW 11316—2018《高压电缆线路试验规程》执行</td><td>—</td></tr>
<tr><td>9</td><td>红外检测</td><td>220 kV：1 年 4 次或以上；110 kV：1 年 2 次或以上</td><td>按 DL/T 664—2008《带电设备红外诊断应用规范》执行</td><td>(1) 用红外热像仪测量，对电缆终端接头和非直埋式中间接头进行
(2) 结合运行巡视进行，试验人员每年至少进行一次红外检测，同时加强对电压致热型设备的检测，并记录红外成像谱图</td></tr>
</table>

13 交联聚乙烯绝缘电缆的预防性试验项目、周期和要求有哪些？

交联聚乙烯绝缘电缆的常规预防性试验的试验项目、周期和要求见表 4。

14 充油电缆的预防性试验项目、周期和要求有哪些？

充油电缆的常规预防性试验的试验项目、周期和要求见表 5。

表5　自容式充油电缆线路的试验项目、周期和要求

<table>
<tr><th>序号</th><th>项目</th><th>周期</th><th>要求</th><th>说明</th></tr>
<tr><td>1</td><td>主绝缘直流耐压试验</td><td>(1) 新作终端或接头后
(2) 电缆失去油压并导致受潮或进气经修复后</td><td>试验电压值按下表规定，加压时间 5 min，不击穿
<table>
<tr><th>电缆额定电压，U_0/U</th><th>GB/T 311.1 规定的雷电冲击耐受电压，kV</th><th>修复、作头后试验电压，kV</th></tr>
<tr><td>64/110</td><td>450
550</td><td>225
275</td></tr>
<tr><td>127/220</td><td>850
950
1 050</td><td>425
475
510</td></tr>
<tr><td>290/500</td><td>1 425
1 550
1 675</td><td>715
775
840</td></tr>
</table></td><td>—</td></tr>
<tr><td>2</td><td>外护套和接头外护套的直流耐压试验</td><td>必要时</td><td>试验电压 10 kV，试验时间 1 min，不击穿；每千米绝缘电阻值不低于 0.5 MΩ</td><td>(1) 可以用测量绝缘电阻代替，有疑问时再作直流耐压试验
(2) 本试验可与交叉互联系统中绝缘接头外护套的直流耐压试验结合在一起进行</td></tr>
<tr><td>3</td><td>压力箱供油特性、电缆油击穿电压和电缆油的 tanδ</td><td>与其直接连接的终端或塞止接头发生故障后</td><td>(1) 压力箱的供油量不应小于压力箱供油特性曲线所代表的标称供油量的 90%
(2) 电缆油击穿电压不低于 50 kV
(3) 100 ℃时电缆油的 tanδ 不大于 0.5%</td><td>(1) 压力箱供油特性的试验按 GB 9326.5 中 6.3 进行
(2) 电缆油击穿电压试验按 GB/T 507 规定在室温下测量油的击穿电压
(3) tanδ 采用电桥及带有加热套能自动控温的专用油杯进行测量，电桥的灵敏度不得低于 1×10^{-5}，准确度不得低于 1.5%，油杯的固有 tanδ 不得大于 5×10^{-5}，在 100 ℃及以下的电容变化率不得大于 2%，加热套控温的灵敏度为 0.5 ℃或更小，升温至试验温度 100 ℃的时间不得超过 1 h</td></tr>
<tr><td>4</td><td>油压示警系统信号指示及控制电缆线芯对地绝缘电阻</td><td>信号指示 6 个月；控制电缆线芯对地绝缘 3 年</td><td>(1) 信号指示能正确发出相应的示警信号
(2) 控制电缆线芯对地绝缘每千米绝缘电阻值不小于 1 MΩ</td><td>(1) 合上示警信号装置的试验开关应能正确发出相应的声、光示警信号
(2) 绝缘电阻采用 100 V 或 250 V 兆欧表测量</td></tr>
</table>

（续表）

<table>
<tr><th>序号</th><th>项目</th><th>周期</th><th>要求</th><th>说明</th></tr>
<tr><td>5</td><td>电缆及附件内的电缆油击穿电压、tan δ 及油中溶解气体</td><td>（1）测量击穿电压和 tan δ：3 年
（2）测量油中溶解气体：怀疑电缆绝缘过热老化，或终端或塞止接头存在严重局部放电时</td><td>（1）击穿电压不低于 45 kV
（2）电缆油在温度 100±1 ℃和场强 1 MV/m 下的 tan δ 不应大于下列数值：
投运前：0.5%
其余：3%
（3）油中溶解气体组分含量的注意值见下表，
μL/L
<table><tr><th>气体组分</th><th>注意值</th><th>气体组分</th><th>注意值</th></tr><tr><td>可燃气体总量</td><td>1 500</td><td>CO_2</td><td>1 000</td></tr><tr><td>H_2</td><td>500</td><td>CH_4</td><td>200</td></tr><tr><td>C_2H_2</td><td>痕量</td><td>C_2H_6</td><td>200</td></tr><tr><td>CO</td><td>100</td><td>C_2H_4</td><td>200</td></tr></table></td><td>（1）电缆油击穿电压试验按 GB/T 507 规定在室温下测量油的击穿电压
（2）tan δ 采用电桥及带有加热套能自动控温的专用油杯进行测量，电桥的灵敏度不得低于 1×10^{-5}，准确度不得低于 1.5%，油杯的固有 tan δ 不得大于 5×10^{-5}，在 100 ℃及以下的电容变化率不得大于 2%，加热套控温的灵敏度为 0.5 ℃或更小，升温至试验温度 100 ℃的时间不得超过 1 h</td></tr>
<tr><td>6</td><td>护层保护器的绝缘电阻或直流伏安特性</td><td>6 年</td><td>按 Q/GDW 11316—2018《高压电缆线路试验规程》执行</td><td>—</td></tr>
<tr><td>7</td><td>接地箱保、护箱连接接触电阻和连接位置的检查</td><td>110 kV 及以上：必要时</td><td>按 Q/GDW 11316—2018《高压电缆线路试验规程》执行</td><td>—</td></tr>
<tr><td>8</td><td>红外检测</td><td>500 kV：1 年 6 次或以上；
220 kV：1 年 4 次或以上；
110 kV：1 年 2 次或以上</td><td>按 DL/T 664—2008《带电设备红外诊断应用规范》执行</td><td>（1）用红外热像仪测量，对电缆终端接头和非直埋式中间接头进行
（2）结合运行巡视进行，试验人员每年至少进行一次红外检测，同时加强对电压致热型设备的检测，并记录红外成像谱图</td></tr>
</table>

注：油中溶解气体分析的试验方法和要求按 GB/T 7252（或 DL/T 722）规定。注意值不是判断充油电缆有无故障的唯一指标，当气体含量达到注意值时，应进行追踪分析查明原因。

15 为什么交联聚乙烯绝缘电缆不宜做直流耐压试验？

交联聚乙烯绝缘电缆不宜做直流耐压试验的原因如图 8 所示。

交联聚乙烯绝缘电缆做直流耐压试验

绝缘缺陷不容易被发现	会损伤交联聚乙烯绝缘	不能反映整条线路的绝缘水平
直流电压下，电场强度按介质的体积电阻率分布，交联聚乙烯绝缘内部的水分、杂质分散且分布不均，介质内很难形成贯穿性通道，而且会有电子注入到聚合场中使介质内形成空间电荷，使该处电场畸变，电声强度降低，使绝缘放电起始电压变高、放电通道增长速度变慢，绝缘不易被击穿、缺陷不易被发现。	在直流电压下，交联聚乙烯电缆绝缘层中的水树枝会转变成为电树枝放电，从而加速绝缘老化造成绝缘损伤，重新投入运行后很快发生绝缘击穿事故。而水树枝老化在交流电场下发展非常缓慢，电缆在很长时间里能保持较高的耐电水平，如果不进行直流耐压试验，就能维持较长时期的正常运行。	在直流电压下，由于温度和电场强度的变化，交联聚乙烯绝缘层的电阻系数会随之发生变化，绝缘层各处电场强度的分布因温度不同而各异，在同样厚度下的绝缘层，因为温度升高而击穿水平降低，这种现象还与绝缘层的厚度有关，厚度大的这种现象越严重。所以交联聚乙烯绝缘电缆不做直流耐压而做交流耐压。

图 8 交联聚乙烯电缆直流耐压试验的缺点

16 为什么充油电缆适宜做直流耐压试验?

用充油电缆做直流耐压试验的原因和优点如图 9 所示。

直流耐压试验的优点

- 试验设备轻小
  对长的电缆线路进行耐压试验时，不需要电源提供无功功率，所需试验设备容量小，直流耐压试验设备相对交流耐压来说比较轻便，可能在现场进行预防性试验，如果做交流耐压试验，需要较大容量的试验设备提供所需的电容电流。
- 对绝缘损伤较小
  当直流作用电压较高以至于在气隙中发生局部放电后，放电产生的电荷所感应的反电场将使在气隙里的场强减弱，从而抑制了气隙内的局部放电过程，而交流电压下，由于电压方向不断变化，气隙放电会促使绝缘材料分解、老化。因此，直流高压对被试品绝缘的损伤较小，避免了交流高压对电缆绝缘的永久性破坏作用。
- 更容易发现绝缘缺陷
  因为在直流电压作用下，绝缘中的电压按电阻分布，绝缘完好时，电阻率较高的绝缘油承受较高的试验电压，电场分布较合理，不会造成新的绝缘损伤；但是当电缆绝缘有局部缺陷时，大部分试验电压将加在与缺陷串联的未损坏的绝缘上，使缺陷更易于暴露。电缆直流耐压试验时，电缆导体接负极，能使水分子从表层移向导体，发展成为贯穿性缺陷，易于在试验电压下击穿，缺陷容易暴露。
- 加压时间短
  绝缘击穿与加压时间的关系不大，一般缺陷在加压后几分钟内可以发现。

图 9 充油电缆直流耐压试验的优点

17 高压电缆耐压试验安全工器具的“八准备”指哪些？

“八准备”的安全工器具如图 10 所示。

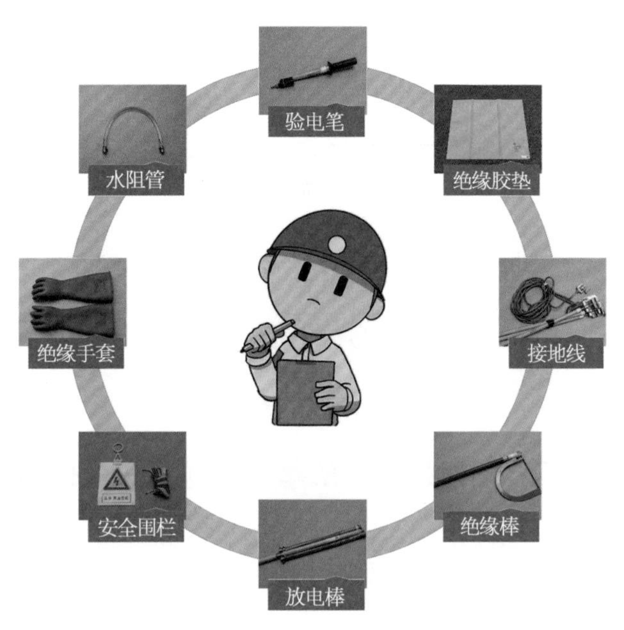

图 10　八种安全工器具

安全工器具在每次使用前应进行外观检查，表面无破损，并根据试验周期检查安全工器具是否需要进行绝缘性能试验，试验合格后更换试验标签（图 11），方可使用。

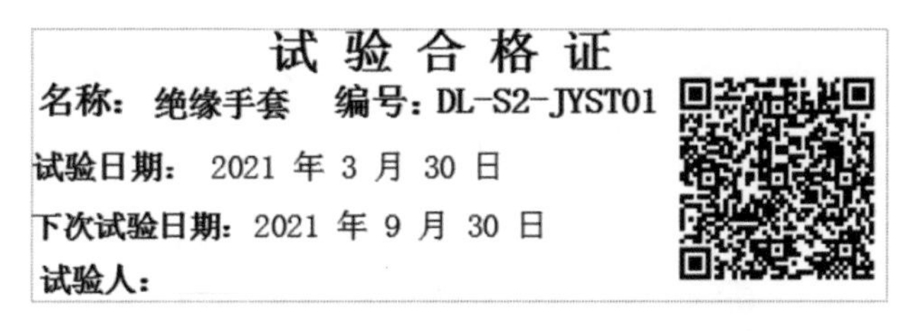

试 验 合 格 证

名称：绝缘手套　编号：DL-S2-JYST01

试验日期：2021 年 3 月 30 日

下次试验日期：2021 年 9 月 30 日

试验人：

图 11　绝缘手套试验标签

18 高压电缆耐压试验时设备吊装的心法口诀是什么？

设备吊装心法口诀如图 12 所示。

图 12　设备吊装心法口诀

19 高压电缆耐压试验时发电车的基本操作步骤是什么？

发电车操作步骤如图 13 所示，发电车控制柜如图 14 所示。

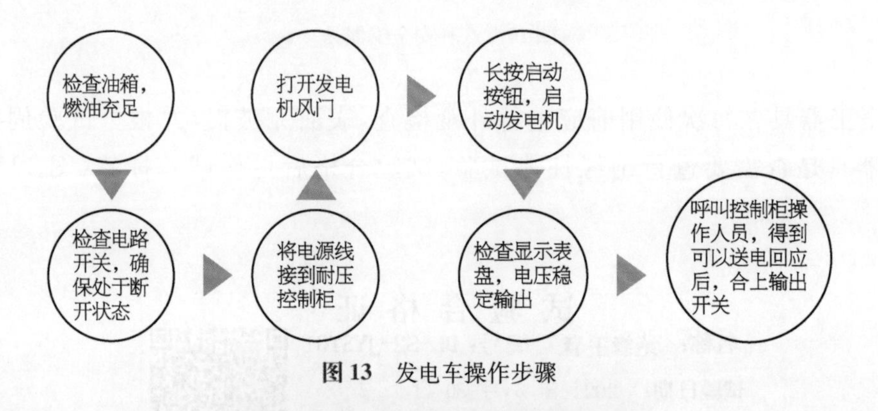

图 13　发电车操作步骤

图 14　发电车控制柜示意图

20 耐压试验不通过时应如何处理?

高压电缆在耐压过程中突发故障时,大致可以按以下七步处理,具体操作流程如图15所示。

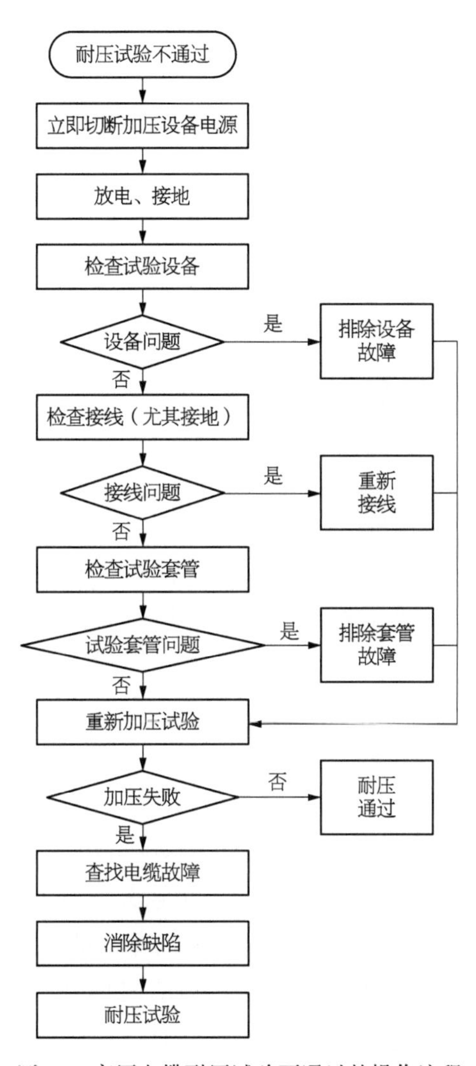

图15 高压电缆耐压试验不通过的操作流程

第一步:按下急停按钮,切断试验设备的电源。

第二步:放电、接地。

第三步:检查试验设备及接线。

第四步:检查试验套管是否有放电迹象。

第五步:查找电缆故障。

第六步:消除缺陷。

第七步:耐压试验。

第二节・高压电缆的交流耐压试验

21 高压电缆的交流耐压试验可以分为哪几类?

根据试验原理的不同,高压电缆的交流耐压试验可以分为图 16 中的三类:工频交流耐压试验、变频串联谐振试验和超低频交流耐压试验。

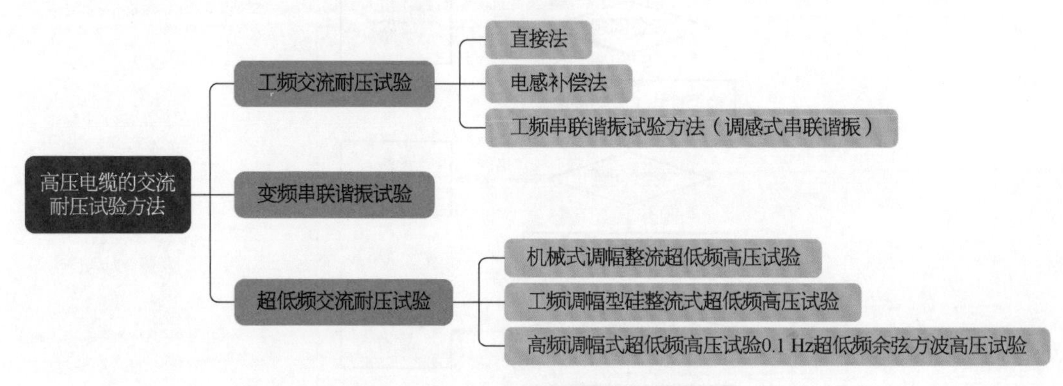

图 16 高压电缆的交流耐压试验方法

工频交流耐压试验的原理是利用电抗器的电感与电缆的电容串联谐振以达到试验电压,但试验时电感和频率不可调,只能对固定长度的电缆进行试验,多用于电缆出厂时的型式试验,电缆投运后由于电缆长度不一,工频交流耐压试验泛用性较差。

超低频耐压试验的输出频率保持在 0.01～0.1 Hz,能够较好地解决中、低压电缆的交接和预防性试验问题,目前在高压电缆的交流耐压试验中应用较少。

变频串联谐振试验的原理是通过变频电源(IGBT)改变试验频率,通过励磁变、电抗器、电缆组成的谐振回路完成试验。采用变频串联谐振的方法,比直接采用工频交流耐压试验方法的电源功率小 Q 倍(Q 为品质因数),是目前高压电缆交流耐压试验最普遍的试验方法。

22 高压电缆交流耐压试验有什么特点?

串联谐振电源升压是目前对于电力系统中大电容性试品进行交流耐压试验比较适用的方法,它有如下特点:所需电源容量减小,因 Q 远大于 1,试验所需的电源功率只有试品试验容量的 1/Q 倍;由于省去大功率调压装置和大功率工频试验变压器,试验设备的重量和体积减小；改善输出电压的波形，谐振电源是谐振式滤波电路，因此能获得很好的正弦波形；能防止大的短路电流烧伤故障点。在串联谐振状态，当试品的绝缘弱点被击穿时，电路立即失谐，回路电流迅速下降为正常试验电流；当试品发生击穿时，因失去谐振条件，高电压也立即消失，电弧即刻熄灭，不会出现任何恢复过电压。

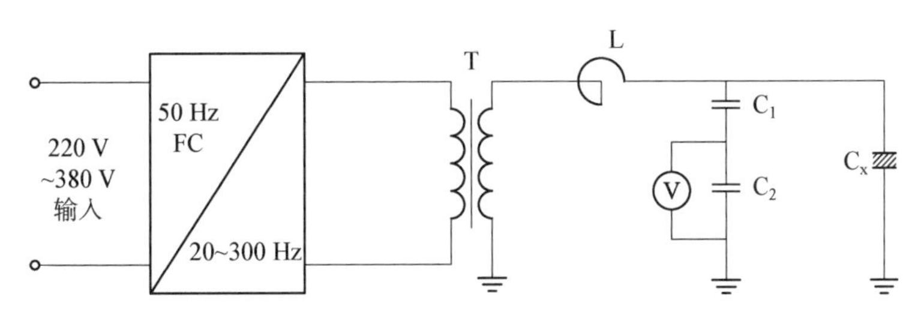

图 17　串联谐振交流耐压试验原理接线图

串联变频谐振试验原理接线图如图 17 所示，图中：FC——变频电源；T——励磁变压器；L——谐振电抗器；C_x——被试电缆；C_1、C_2——电容分压器高、低压臂电容。

如图 17 所示，串联谐振交流耐压试验是利用励磁变压器激发串联谐振回路，通过调节电感或改变电源的输出频率，使回路中的试验电抗器的感抗和被试电缆的容抗相等，回路呈谐振状态，这时的频率为谐振频率。

设谐振回路的品质因数为 Q，被试电缆上的电压为励磁电压的 Q 倍，这时通过增加励磁电压就能升高谐振电压，从而达到试验目的，并且采用变频串联谐振的方法，比直接采用工频交流耐压试验方法的电源功率小 Q 倍。

23 高压电缆交流耐压试验如何完成“六步骤”？

“六步骤”如图 18 所示。

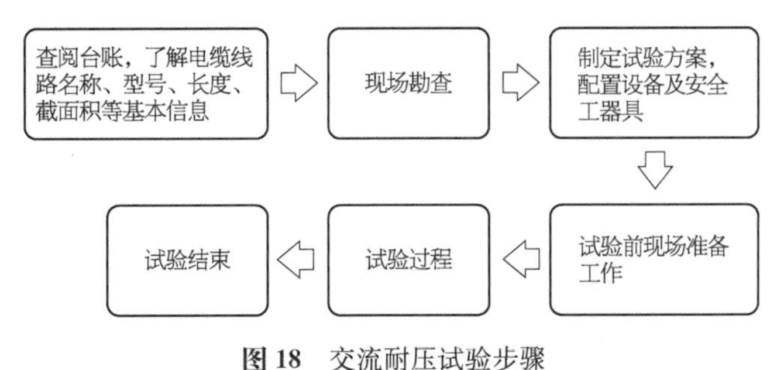

图 18　交流耐压试验步骤

24 高压电缆交流耐压试验现场勘查怎样做到“七查看”？

由于终端现场情况复杂，交流耐压试验设备体积大、数量多，对现场试验环境要求较高，因此在试验前需提前进行现场勘查，以制定试验计划及设备摆放方案。勘查内容主要为“七查看”。

(1) 看危险点。

查看试验现场环境，确认附近带电设备及线路，具体内容详见表6。

表6 危险点预控表

危险点	错误	预控方法
电缆电试	认错电缆	提前查阅设备资料和图纸；现场核对被测量线路的电压等级、电缆线路名称、线路编号和终端杆编号或换位箱、接地箱铭牌
	误碰邻近有电设备引起触电	作业点与有电部位应保持安全距离，临近有电设备应做好隔离措施，将有电设备隔离，并悬挂标志牌，有电设备附近施工专人监护
变电站内电试	认错电缆、走错间隔	进入变电站工作要认清试验线路，防止误入有电仓位
	站内照明不足、空间狭小致人员、设备损伤	熟悉站内设备情况；确保照明充足，预留安全通道
人员、车辆进出繁忙地段	交通事故	人员、车辆进出繁忙地段预留安全通道 施工区域全封闭维护，交通复杂地段要有专人指挥交通

(2) 看电缆终端类型。

选择合适的试验端，终端类型根据连接的设备情况分为套管终端和GIS终端两种，分别如图19、图20所示。对于GIS终端，应特别注意查看导电杆位置；GIS气室间隔绝缘盆子试验标准；是否有避雷器、电压互感器等，以便后续试验时将GIS设备与电缆本

图19 套管终端

图20 GIS终端

体分离。

（3）看接地情况。

现场勘查应根据接地位置选择合适长度的接地线。

（4）看安全距离。

现场勘查应判断试验引线能否满足试验电压等级的安全距离。试验引线与带电线路应同回路线路带电裸露部分保持足够的安全距离，试验现场示意图如图 21、图 22 所示。（参照《Q/GDW 1799.2—2013 国家电网公司电力安全工作规程线路部分》表 3，110 kV≥1.5 米，220 kV≥3 米，500 kV≥5 米）

图 21　500 kV 高压电缆试验现场

图 22　110 kV 高压电缆试验现场

（5）看场地通行情况。

试验范围内的道路是否通畅，保证发电车、吊车（图 23、图 24）在满足安全距离的前提下到达试验区域。

图 23　吊车

图 24　发电车

(6) 看试验场地。

是否空旷,估算设备间距,确定设备吊装摆放方案,如图 25 所示。

图 25 根据试验摆放方案进行吊装接线

(7) 看天气。

提前关注计划试验日期的天气和湿度情况。由于空气中水分的含量越大,空气电负性就越强,绝缘性也就越强,湿度提升有利于空气绝缘性的提升。当湿度大于 60%或产生表面凝露的情况下,它的绝缘击穿水平就下降,一般来说相对湿度不大于 60%,表面没有产生任何凝露的干燥及晴朗日进行试验。

25 高压电缆交流耐压试验设备参数配置如何实现"四步走"?

进行交流耐压试验前,需选择合适的变频电源、励磁变压器、试验电抗器和分压器,以满足试验电压、电流和容量,一般应先通过理论计算再根据设备库实际情况配置试验设备。

以某 110 kV 交联聚乙烯电缆交流耐压试验前的设备选择为例,详细说明如何进行交流耐压试验设备参数配置。首先采用范围在 20~300 Hz 的试验频率进行交流耐压试验。根据型号和电压等级可得电缆试验电压为 $2U_0$,即 128 kV。试验时间为 60 min。该电缆相关资料见表 7。

表 7 某 110 kV 交联聚乙烯电缆的基本参数

参数	数值/信息	参数	数值
型号	YJLW03	截面积	1 000 mm^2
全长	3 700 m	电压等级	110 kV

(1) 估算电容。

根据被试电缆的电压等级、长度和截面积,查阅表 8 中该规格电缆单位长度的电容值,并计算总电容值 C_x。

表 8 单芯 XLPE 电缆每千米电容量

电缆导体截面积 (mm²)	64/110 kV (μF/km)	128/220 kV (μF/km)	289/500 kV (μF/km)
1×630	0.188	0.138	—
1×800	0.214	0.155	—
1×1 000	0.231	0.172	—
1×1 200	0.242	0.179	—
1×1 400	0.259	0.190	—
1×2 500	—	0.232	0.194

据表得该电缆对应的电容量为 0.231 μf/km,则电缆总电容:

$$C_x = 3.7 \times 0.231 = 0.8547(\mu F)$$

(2) 确定试验电抗器总电感量。

选型时要考虑串联电抗器的电感量,把谐振频率设定在 50 Hz 来估算所需的电感量 L_x,即 $f_0 = 50$ Hz。结合设备库可用的试验电抗器参数和台数,利用串并联方法,使得电抗器总电感接近计算所得 L_x,得到实际试验电抗器总电感量 L。

由 $\omega L = 1/\omega C$ 得

$$L_x = 1/\omega_0^2 C_x = 1/(2\pi f_0)^2 C_x$$

$$L = \frac{1}{(2\pi \times 50)^2 \times 0.8547} \times 10^6 = 11.85(H)$$

根据上式计算得出,该电缆进行串联谐振交流耐压试验大概需要的电感是 12 H;此时,选择用三节额定容量为 60 H 的电抗器并联来减小电感量。

$$L = L_1 /\!/ L_2 /\!/ L_3$$

即试验电抗器总电感量: $L = 20(H)$

(3) 估算谐振频率。

根据实际情况确定的试验电抗器参数可估算谐振频率:

$$f_0 = \frac{1}{2\pi}\sqrt{\frac{1}{LC_x}}$$

$$f_0=1/(2\pi\sqrt{20\times0.8547})\times10^3=38.5(\text{Hz})$$

(4) 估算励磁容量。

此时，回路中的电流为

$$I_s=2\pi f_0C_xU_s$$

$$I_s=2\pi\times38.5\times0.8547\times128\times10^{-3}=26.46(\text{A})$$

Q 取一个较低经验值 40，则

$$U_{励}=\frac{U_s}{Q}=\frac{128}{40}=3.2(\text{kV})$$

计算励磁容量：

$$P_{励}=U_{励}\times I_s=3.2\times26.46=84.672(\text{kW})$$

发电车、变频电源、励磁变压器的额定容量、额定电压及额定电流应满足理论估算值，且设备额定容量大于估算容量的 1.2 倍。

综上所述，选择容量大于 101.6 kW 的发电机，且选用电感量接近 20 H 的电抗器或者多台电抗器并联以达到试验要求。

26 高压电缆交流耐压试验加压前线路状态怎样做到“四确认”？

(1) 确认电缆与其他设备完全断开。即线路在检修状态下，线路闸刀断开，线路接地闸刀断开，电压互感器(压变)、避雷器等不通过闸刀连接的设备已拆除。

(2) 确认六氟化硫气体压力不低于厂方限定值。

(3) 确认非试验相接地。对电缆做耐压试验时，应分别在每一相上进行。对一相进行试验时，其他两相导体、金属屏蔽或金属护套一起接地。

(4) 确认全线电缆接地箱闸刀合上。对金属屏蔽或金属护套一端接地，另一端装有护层电压限制器的单芯电缆主绝缘作耐压试验时，必须将护层电压限制器短接，使这一端的电缆金属屏蔽或金属护套临时接地。对于采用交叉互联接地的电缆线路，应将交叉互联箱做分相短接处理，并将护层电压限制器短接。

某新建电缆线路试验前各开关状态示意如图 26 所示。

27 高压电缆交流耐压试验常见的现场设备摆放方案有哪些？

(1) 第一类：户内终端的交流耐压试验设备摆放。

户内终端的运输通道空间足够时，耐压设备选择布置在临近的空旷场地，避开带电

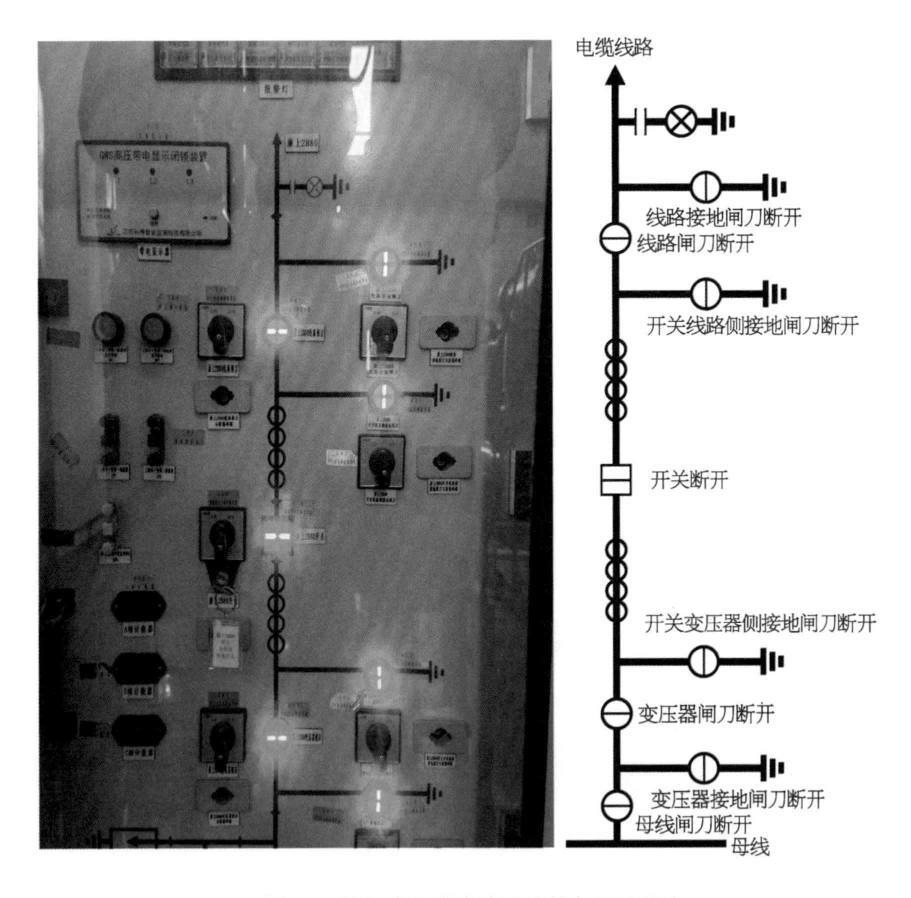

图 26 某新建电缆线路试验前各开关状态

跨越引流线;或在 GIS 室的吊装门外走廊布置试验设备。

户内终端的运输通道空间不足时,可以在变电站门外通道上布置试验设备,如图 27 所示。

图 27 户内终端试验现场

图 28 户外终端试验现场

(2) 第二类:户外终端的交流耐压试验设备摆放。

户外终端耐压试验时,选择在临近的空旷场地布置耐压设备,如图 28 所示。临近人行道时,需要增派人员引导交通,避免行人误入试验区域。

(3) 第三类：地下变电站的交流耐压试验设备摆放。

需要通过设备吊装并将设备运输到地下走廊，在空旷处布置试验设备，在保证安全距离的条件下，选择路径最短的引线方案。

由于高压电缆交流耐压试验装置体积大，一般都需要吊车吊装，在平稳放置之后一般不再移动，因此要提前勘查，制定摆放方案。特别注意由于几台电抗器之间需要并联，应将电抗器的接线端靠近摆放。分压器处电压较高，需特别注意分压器与其他设备的安全距离。如图 29 所示。

图 29　地下变电站试验现场

28 为什么电抗器周围不能放置金属？

如图 30、图 31 所示，当电抗器底部或周围放置金属时，试验过程中将会产生高温。这是由于，根据电磁感应定律，铁板处于变化的磁场中会产生图 32 涡流，使得一部分电能转化为热能，这将极大降低品质因数 Q，导致电压达不到预期值。

图 30　电抗器错误放置于金属上(图中红圈部分)

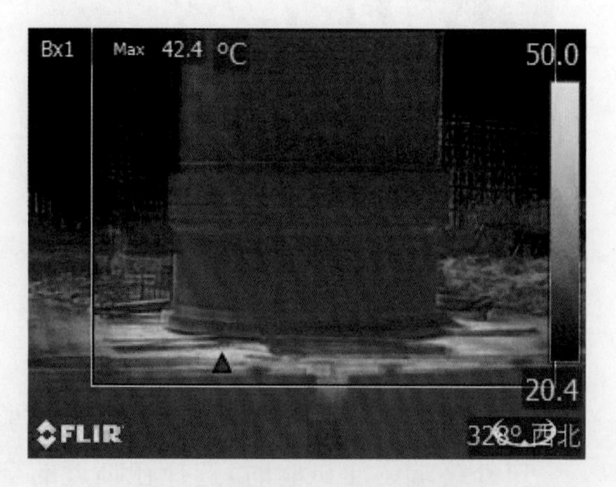

图 31　错误摆放红外测温图像

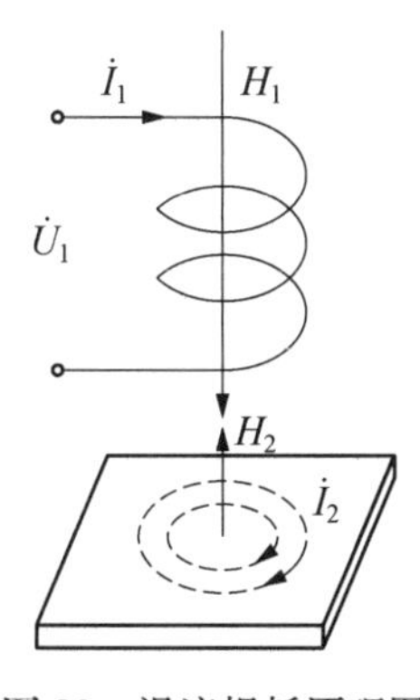

图 32　涡流损耗原理图

图 33　电抗器放置于绝缘底座

因此，交流耐压试验现场应该尽量避免金属环境，把电抗器放置在平整的水泥地上操作，或在电抗器和铁板间放置一个高于 25 cm 的绝缘底座，如图 33 所示，来避免产生的涡流效应对试验造成影响。

29 高压电缆交流耐压试验现场接线是怎样的？

试验设备摆放完毕后，进行接线，如图 34 所示。

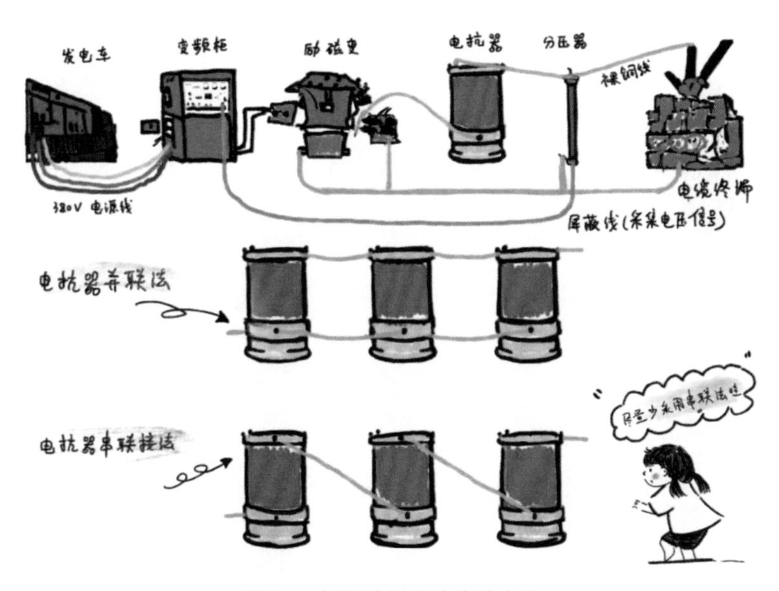

图 34　交流耐压试验接线方法

将保护接地与试验接地分开，试验回路各需接地部件（控制箱、励磁变压器、分压器）使用同一接地连接。接地线应尽可能得短，不要任意延长接地线的长度。

图 35　大直径金属软管(图中红圈部分)

为减小电抗器漏磁的干扰,应将接地线组与高压取样信号线(即分压器输出线)尽可能地并行放置,布线要集中不分散,且远离电抗器,绝对要避免接地线组和高压取样信号线穿梭于电抗器之间。

高压设备应在确保安全情况下尽量靠近被试电缆,并与周围其他物体保持应有的空间距离。励磁变压器在电抗器与控制箱之间。小容量电缆试验时,应尽可能使高压引线固定,减小分布电容的变化,这有利于试验电压的稳定。高压引线可与大直径金属软管(图 35)配合使用,起到均匀外部电场的作用,并要求尽量短。

30 GIS 电缆终端引线套管在高压电缆交流耐压试验现场应满足怎样的条件?

(1) 当采用单相套管时(图 36),非试验相要接地。

图 36　GIS 终端采用单相套管

图 37　GIS 终端采用三相分叉套管

(2) 当采用三相分叉套管时(图 37),另外两相通过试验线夹直接接地。

(3) 当采用三相旋转式套管时(图 38),试验相的接地棒需要拉出不接地,非试验相的接地棒需要压下接地。

图 38　GIS 终端采用三相旋转式套管

注意,不管采用什么类型的试验套管,GIS 舱的六氟化硫气体压力必须满足要求。

31 高压电缆交流耐压试验的现场作业流程是怎样的?

耐压试验的现场作业流程如图 39 所示。

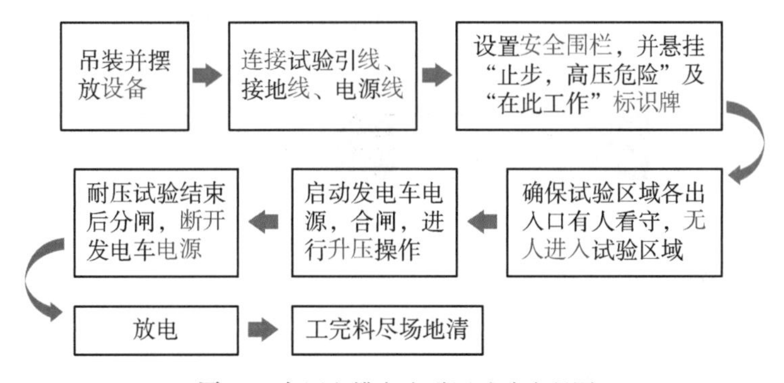

图 39　高压电缆交流耐压试验流程图

若耐压试验不通过,则被试电缆可能有缺陷,应对流程详见第 20 问。

32 高压电缆交流耐压试验升压时怎样做到“五注意”？

（1）通过操作台设置试验时间、目标电压，并选择自动调谐或手动调谐，找到谐振频率后选择自动调压或手动调压。

（2）升压必须从零开始，不能冲击合闸。

（3）手动升压速度在75%试验电压以前，可以是任意的。

（4）自75%电压开始均匀升压，约每秒2%试验电压的速率手动升压。

（5）耐压试验完成后，自动迅速均匀降压到零。

33 高压电缆交流耐压试验过程中需要关注的参数有哪些？各有什么作用？

图40中“频率细调”一栏为试验频率，频率范围应在20～300 Hz，在设备和现场允许的情况下，尽量接近50Hz工频试验；“功率细调”一栏为占空比，占空比为励磁变压器实际使用容量与额定容量的比值，占空比会影响输出电压峰值的稳定性，不同的励磁变压器对应的最优占空比不同。

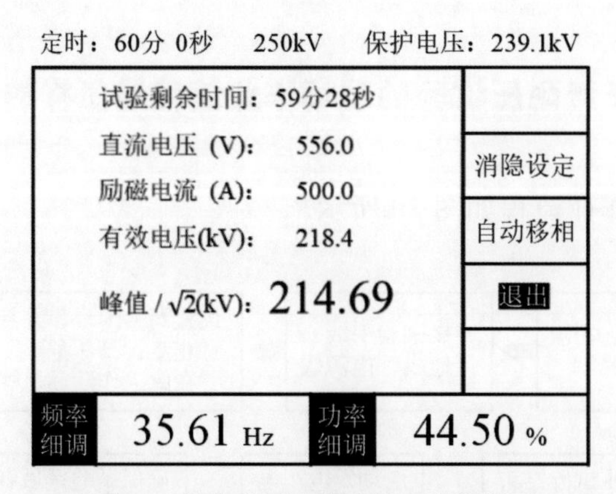

图40 交流耐压试验过程中的操作屏

根据GB/T 16927.1《高电压试验技术》，规定在额定试验电压下，如果被试电缆上无破坏性放电发生，则认为通过耐压试验。

在升压和耐压过程中，如果发现电压表或电流表有不规则较大幅度摆动，或电流急剧增大，或调压器上升、电流表增大，但高压电压指示不变或有下降趋势时，除设备原因外，应视电缆交流耐压试验不合格。

34 高压电缆交流耐压试验过程中的危险因素有哪些？

（1）误入试验区。试验过程中，各出入口需专人看守，确保无人误入安全围栏，进入试验区域（图41）。

图41　专人看守，防止有人误入试验区域

（2）潮湿导致滑闪。若在雨后进行试验，由于试验环境潮湿（如试验引线上带有水珠等），可能会导致试验过程中试验设备表面滑闪，直接威胁到周围环境及人身安全。因此下雨时，应使用雨布将试验设备覆盖，保持试验设备干燥；雨后应将试验引线擦拭干净。

（3）除上述情况外，任何人员或设备可能引起的突发情况。

35 高压电缆交流耐压试验过程中遇到突发情况应如何处理？

若出现紧急情况，操作人员需立即按下操作柜上的“急停”按钮，并将操作柜侧面的闸刀拉开，断开发电车电源（图42、图43）。

图42　操作柜“急停”按钮及闸刀位置

图43　发生突发情况时，应立即按下“急停”按钮并拉开闸刀

36 高压电缆交流耐压试验结束后是如何放电的?

交流耐压试验结束后,应由操作人员先在操作柜上分闸,再拉开操作柜侧面的闸刀,确保无电压输入后,由放电人员戴上绝缘手套,站在绝缘胶垫上,手持放电棒对分压器和电缆线路进行放电,如图 44 所示。

图 44 交流耐压试验结束后进行放电

第三节 · 高压电缆的直流耐压试验

37 高压电缆直流耐压试验现场接线及注意事项有哪些?

直流耐压试验原理如图 45 所示,现场接线注意事项如下。

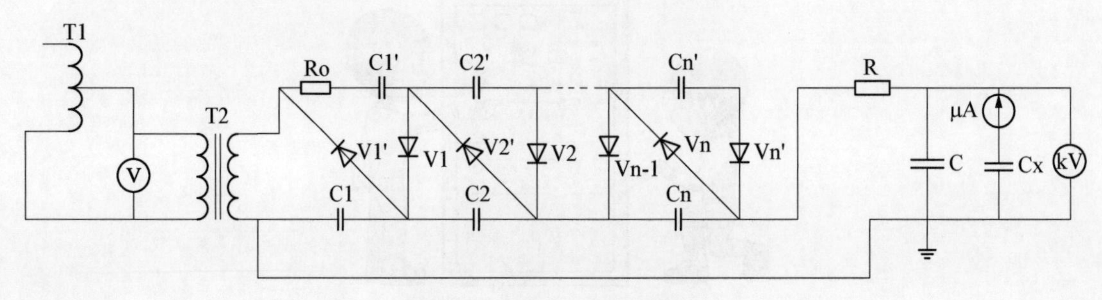

图 45 直流耐压试验原理图

(1) 由于电线的击穿强度与所加的电压极性有关,正极性的击穿电压值比负极性高约 10%,所以一般都采用负极性进行直流耐压试验,将负极接电缆芯线。

(2) 接线对应使高压输出连线尽量缩短,做到绝缘良好,与地面与接地体保持足够的距离。确认接线正确、接地可靠、调压器处于零位、各安全措施完备后,方可开始试验。

38 高压电缆直流耐压试验需要的设备有哪些?各有什么作用?

直流耐压试验设备主要有控制箱、升压变压器、倍压筒、限流电阻和均压环。

(1) 控制箱。控制箱主接触器控制调压器输入的通电和断电,主接触器的分合由合闸停止按钮、零位限位开关、过流过压继电器等回路控制,由调压器提供可调节的输出电压,供给所需的测试电压,如图 46 所示。

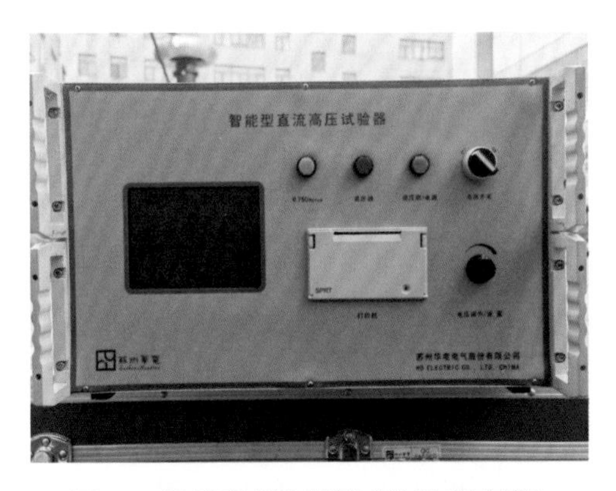

图 46 智能型直流高压试验器(控制箱)

(2) 升压变压器。升压变压器将电压升高到一定范围,为倍压筒提供输入电压,如图 47 所示。

图 47 升压变压器

(3) 倍压筒。倍压筒通过倍压整流,可以把较低的交流电压,通过电容器和很多个二极管,经整流而变换成较高的直流电压,如图 48 所示。

图 48 倍压筒

(4) 限流电阻。直流耐压试验在加压的瞬间会产生较大的充电电流,电流绝缘击穿的瞬间,回路内会有很大的击穿电流流过,试验结束后放电时电缆上大量剩余电荷会在很短时间里流入大地。这些电流如果不加限制就会损坏试验变压器、硅堆等,陡度很大的电流谐波也会导致电缆绝缘的损坏,因此试验回路中必须串联约 80 kΩ/kV 的限流电阻将电流限制在允许范围内。如果不装设限流电阻,电流过大,可能导致倍压筒爆炸碎裂,直接影响设备和工作人员的安全。限流电阻如图 49 所示。

图 49 限流电阻(图中红圈部分)

图 50 均压环(图中银色部分)

(5) 均压环。均压环可将高压均匀分布在物体周围,保证在环形各部位之间没有电位差,从而达到均压的效果。如果不装设均压环,放电声音会非常大,对周围设备及人身安全也会造成威胁。均压环如图 50 所示。

39 高压电缆直流耐压试验常见的现场设备摆放方案是怎样的?

由于直流耐压试验装置较少,不需要吊车进行吊装,但倍压筒一般都需要拆分运输到达现场后进行人力组装,在平稳放置之后一般不再移动,因此要提前勘查,制定摆放方案。倍压筒处电压较高,需特别注意倍压筒与其他设备的安全距离,且提前估算安全距离将绝缘胶垫、绝缘手套和水阻管放电棒放置在倍压筒附近的地面上,以便试验结束后安全放电。一般的摆放方案如图 51 所示。

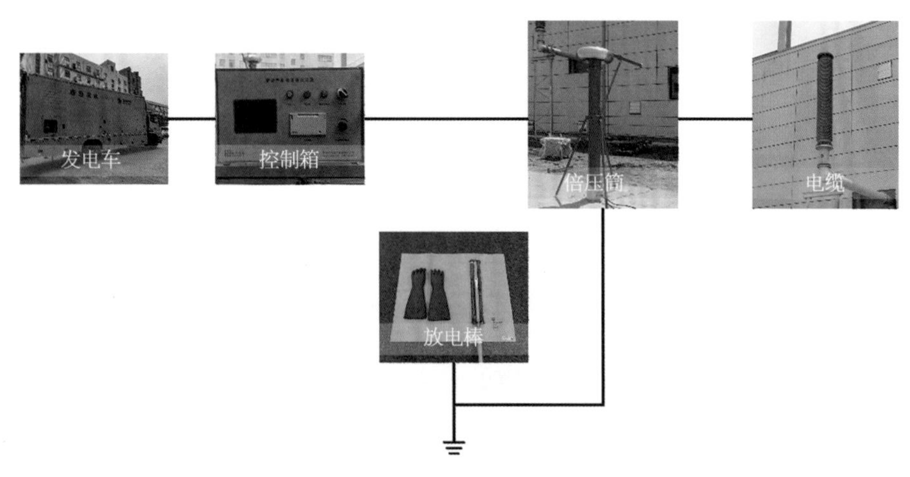

图 51 直流耐压试验设备摆放方案

40 高压电缆直流耐压试验前线路应满足怎样的状态?

(1) 确认电路与其他设备完全断开。在试验前应注意尾线是否断开,线路闸刀和线路接地闸刀能否观察到明显断开点,确认电缆套管与其他设备完全分离。

(2) 非试验相接地。对电缆做直流耐压试验时,应分别在每一相上进行。对一相进行试验时,其他两相导体、金属屏蔽或金属护套一起接地。

41 高压电缆直流耐压试验前的准备工作有哪些?

试验前在引线时保证安全距离足够,在试验地点周围做好防止闲人接近的措施,如设置围栏、挂警告牌等;确认已断开被试电缆与其他设备的一切连接,并将各芯线充分对地放电;不接试验设备的一端应派人看守,监视有无异常现象发生。

42 高压电缆直流耐压试验升压时的注意事项有哪些?

接上被试电缆芯线,其余两相电缆芯线仍然接地;合上电源,逐渐升高电压,升压时要密切监视电流表(图 52)的充电电流不能超过试验装置的最大工作电流,升压速度一般控制在 3 kV/s,泄漏电流宜控制在 1 mA 以内,并在 25%、50%、75%、100%规定试验电压值各停留 1 min,读出并记录各 1 min 末和耐压结束时的泄漏电流值及环境温度、湿度和天气情况。

试验电压 0510.0kV　　限定电流 33854μA
试验模式 手动　　倍压节数 双节

电压: 0145.3kV

电流: 01363 μA

试品电流: ——μA

电压调节为“粗调”,短按旋钮切换

图 52　智能型直流高压试验器操作屏

在升压时,绝缘良好的电缆由于电缆电容充电,电流示值将剧烈上升。而在电压停留阶段,电流逐渐下降,趋于稳定。随着电压的逐段升高,泄漏电流大致成比例增大。

43 高压电缆直流耐压试验过程中如何判别电缆是否存在缺陷?

有缺陷的电缆,在试验过程中会出现以下现象:升压时泄漏电流不成比例地急剧上升;在升压停留阶段,泄漏几乎不随时间衰减,甚至反而增大;泄漏电流值不稳定;泄漏电流值相间不平衡。

44 为什么高压电缆直流耐压试验要用水阻管放电棒进行放电?

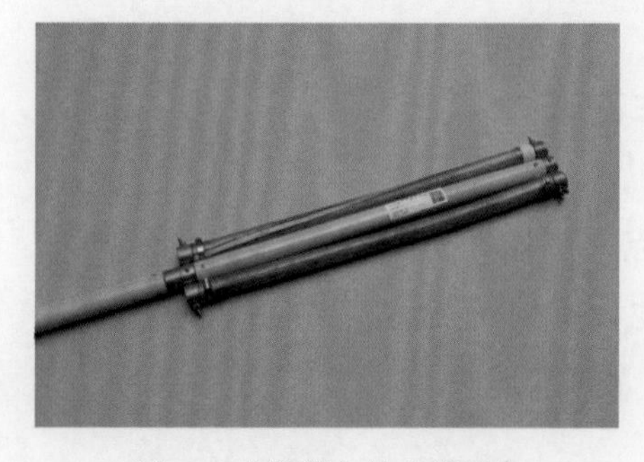

图 53　水阻管与放电棒组合

直流耐压试验选用水阻管的原因是:当被试电缆击穿时,既能将短路电流限制在硅堆的允许电流之内,又能使电源控制箱内的过流继电器可靠动作;同时,电阻表面在全电压作用下不能闪络,而且正常工作时水电阻上的压降不应过大(约在试验电压的 1%以下)。

水阻管与放电棒组合如图 53 所示。

45 水阻管的阻值和长度要求有哪些？水阻管的绝缘性能是如何检测的？

对于水电阻，推荐使用不含杂质的蒸馏水，装入直径为 30 mm、长度为 500～600 mm 的软管内，两端进行金属密封。

水电阻的阻值根据直流试验电压而定，一般取 10 Ω/V，如直流 50 kV 耐压试验的水电阻阻值为：50 kV×10 Ω/V=500 kΩ。根据实际情况，电缆长度越长，电缆截面越大，应选取阻值较高或长度较长的水阻管。

水阻管绝缘性能的检测方法是采用摇表（图 54）的 1 000 V 档位测量水阻管两端的绝缘电阻，阻值达到 10 Ω/V 即为绝缘性能合格。使用水电阻完成一次放电或阻值变化后，需进行换水。

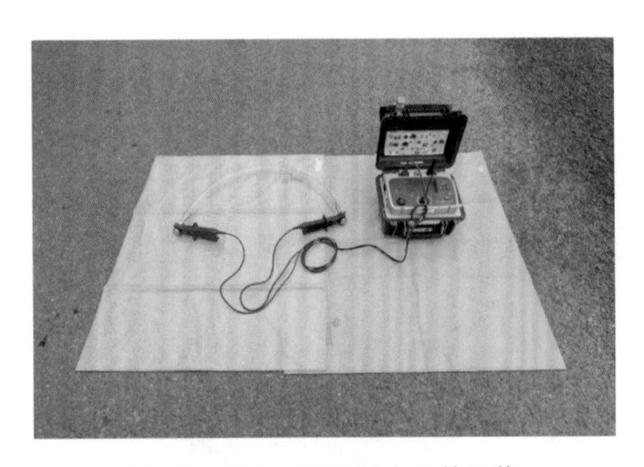

图 54　使用摇表测量水阻管阻值

46 高压电缆直流耐压试验结束后是如何放电的？

耐压试验结束后，放电步骤和放电操作示意如图 55 和图 56 所示。

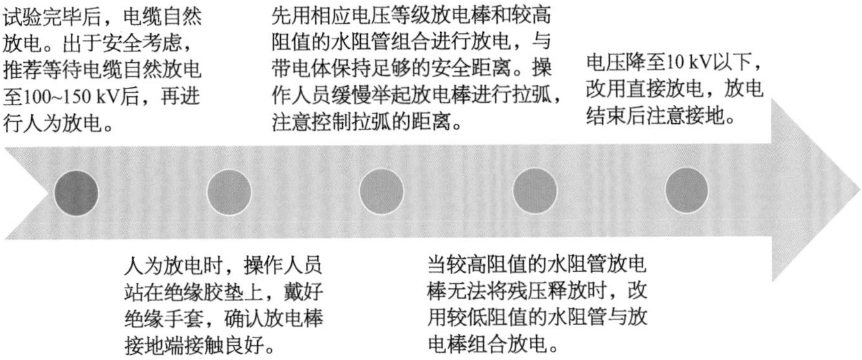

试验完毕后，电缆自然放电。出于安全考虑，推荐等待电缆自然放电至100~150 kV后，再进行人为放电。

人为放电时，操作人员站在绝缘胶垫上，戴好绝缘手套，确认放电棒接地端接触良好。

先用相应电压等级放电棒和较高阻值的水阻管组合进行放电，与带电体保持足够的安全距离。操作人员缓慢举起放电棒进行拉弧，注意控制拉弧的距离。

当较高阻值的水阻管放电棒无法将残压释放时，改用较低阻值的水阻管与放电棒组合放电。

电压降至10 kV以下，改用直接放电，放电结束后注意接地。

图 55　直流耐压试验放电步骤

图 56　直流耐压试验放电操作示意图

47 高压电缆直流耐压放电时的电弧是如何产生的?

由于电缆本体是容性载体，在直流耐压试验时会储存大量的电荷，并且无法自动释放，此时需要人为放电，即使用水阻管与放电棒组合进行放电。当电势差足够高时，电压超过空气的耐受力，将空气中的氧原子、氮原子核外电子排斥或吸引，使空气电离变成导体，气体分子电离后通过能级阶跃来释放能量，释放过程中会产生光辐射，也就是电弧(图 57)。

图 57　放电时的电弧(图中红圈部分)

第三章

高压电缆红外检测技术

第一节 · 概述

48 〉红外检测技术在高压电缆状态综合检测中的主要应用场景是什么?

近年来,红外检测技术(图58)普遍应用于高压电缆运维工作,其中对高压电缆户外终端的检测效果最为出色。据统计,上海地区的高压电缆户外终端通过红外检测手段发现的疑似缺陷检出率可达0.1%。因此,在高压电缆状态综合检测中,我们把电缆户外终端作为红外检测技术的主要应用场景。

图58 红外检测技术应用

49 高压电缆户外终端的类型有哪些?

高压电缆户外终端按电压等级可分为 500 kV、220 kV 和 110 kV,分别如图 59～图 61 所示。

图 59　500 kV 高压电缆户外终端瓷护套照片和热像图(左为可见光,右为红外)

图 60　220 kV 高压电缆户外终端硅橡胶护套照片和热像图(左为可见光,右为红外)

图 61 110 kV 高压电缆户外终端瓷护套照片和热像图(左为可见光,右为红外)

50 高压电缆红外检测技术的周期是如何规定的?

根据 Q/GDW 11316—2018《高压电缆线路试验规程》要求,对电缆线路红外检测的固定周期见表 9。

表 9 电缆线路红外检测周期

电缆电压等级	检测周期(正常设备)
330 kV 及以上	1 个月/次
220 kV	3 个月/次
110(66)kV	6 个月/次

注:

(1) 新投产和大改造后的电缆,可在投运带负荷后不超过 1 个月内(至少 24 h 以后)进行一次红外检测;

(2) 对重负荷线路,运行环境较差、运行时间较长的设备,应适当缩短检测周期;

(3) 重大事件、节日、重要负荷及设备负荷陡增等特殊情况应增加检测次数。

第二节 · 现场应用

51 高压电缆红外检测的现场准备工作有哪些?

检测现场准备工作包括人员、设备和其他相关内容。

(1) 人员。应由两人一起检测,其中一人负责巡视设备和红外检测,另一人负责照明和记录工作,并带好个人安全防护用品,如图 62 所示。

图 62 两人合作开展红外检测

(2) 设备。需要红外热像仪一套(工作前应对红外热像仪的状态进行检查,保证其良好的工作状态)、备用电池若干、温湿度计、风速仪、工作记录本,部分如图 63 所示。

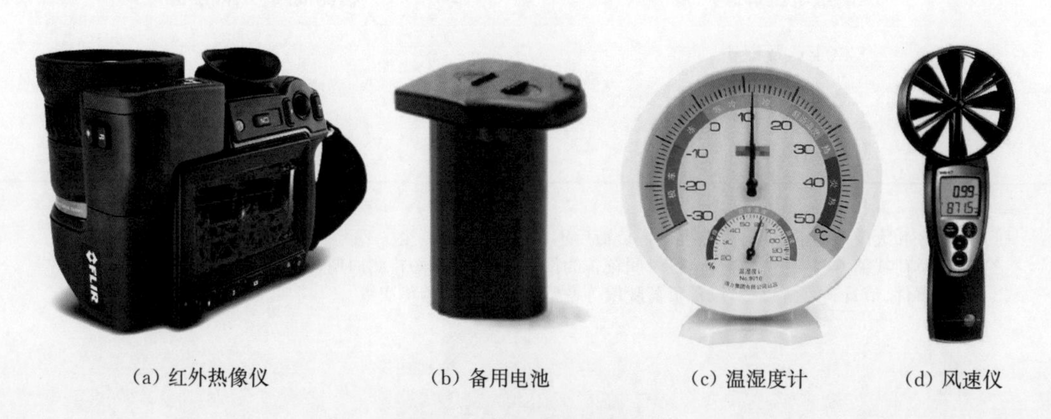

(a) 红外热像仪 (b) 备用电池 (c) 温湿度计 (d) 风速仪

图 63 红外检测所需设备

(3) 其他。工作人员应熟悉检测环境,提前一天准备第二种工作票。工作票签发人及负责人认为有必要时,应组织有经验的人员到现场勘察。

52 高压电缆红外检测的检测人员需要具备怎样的资质?

(1) 熟悉红外检测技术的基本原理和诊断程序,了解红外热像仪的工作原理、技术参数和性能,掌握红外热像仪的操作程序和使用方法;

(2) 了解被检测设备的结构特点、工作原理、运行状态和导致设备故障的基本因素;

(3) 熟练掌握《DL/T 664 带电设备红外诊断应用规范》;

(4) 经红外检测技术专业培训并考试合格。

53 高压电缆红外检测设备应当满足哪些要求?

红外热像仪的选择参照表 10 内容。

表 10 红外热像仪的选择要求

技术内容	技术要求
红外分辨率(像素)	640×480 及以上
图像帧频	不小于 25 Hz(非差值法)
数字变焦	2 倍及以上连续变焦
测温范围	0~250 ℃

54 红外热像仪的镜头是如何选择的?分别适用于哪些情况?

红外热像仪包含标配镜头,可选配长焦镜头,不同仪器配件不同。

以 T1040 热像仪为例,标配镜头视场角(FOV)为 28°×21°,空间分辨率为 0.47 mrad;长焦镜头视场角(FOV)为 12°×9°,空间分辨率为 0.20 mrad,最小对焦距离为 1.3 m。

与标准的 28°镜头相比,12°镜头提供了大约是其两倍的放大倍率,该镜头非常适合小型或远距离目标,如架空线路、杆塔上的高压电缆户外终端设备等,如图 64 所示。

(a) T1040 热像仪与 28°标配镜头

(b) 12°长焦镜头

(c) 28°镜头拍摄效果

(d) 12°镜头拍摄效果

图 64 不同镜头及拍摄效果

对高压电缆户外终端的红外检测建议选配 12°及以上镜头。

55 > 红外热像仪的镜头是如何保养的？

镜头清洁液的选择：可选用异丙醇浓度超过 30％的商用镜头清洁液或 96％浓度的乙醇(C_2H_5OH)。

清理步骤及注意事项见表 11。

表 11 清理步骤及注意事项

清理步骤	注意事项
(1) 用医用棉蘸取清洁液 (2) 拧干,挤去多余的清洁液 (3) 用医用棉清洁红外镜头	(1) 禁止用手或纸巾直接擦镜头,也不要用水清洗镜头,如果使用镜头清洁布,则它必须是干燥的,切勿使用浸有液体的镜头清洁布,这些液体可能导致镜头清洁布的材料疏松,进而对镜头表面产生不利影响 (2) 清洁红外镜头切勿过于用力,这可能会伤害镜头带有的一层精密的抗反射涂层 (3) 医用棉只能使用一次,请勿重复使用 (4) 建议交由仪器厂家或厂家指定的维修点进行清理

56 红外热像仪的电池是如何保养的?

(1) 首次充电时充满 4～6 h 即可,根据电源适配器指示灯观察是否充满;

(2) 当仪器显示电量过低时建议更换备用电池,以免低电量对仪器和电池造成损害;

(3) 对电池充电充满后应拔掉电源,如要延长充电时间,不要超过 30 min;

(4) 仪器使用完毕后,要关闭电源,取出电池,盖好镜头盖,把仪器放入便携箱内保存。

57 红外热像仪的校验有什么要求?

(1) 热像仪每年应校验比对 1 次,以保证设备的完好,其校验比对要求可参照校验比对实验室工作规定;

(2) 新采购的热像仪在使用前应先校验比对 1 次。

58 红外热像仪的保管有什么要求?

(1) 有专人负责保管,有完善的使用管理规定;

(2) 档案资料完整,具有出厂检验报告、合格证、使用说明、质保书和操作手册等;

(3) 存放应有防潮、干燥措施,使用环境条件、运输中的冲击和振动等应符合产品技术条件的要求;

(4) 不应擅自拆卸,有故障时需到仪器厂家或厂家指定的维修点进行维修;

(5) 定期进行保养,包括通电检查、电池充放电、存储卡存储处理、镜头的检查等,以保证仪器及附件处于完好状态;

(6) 长期不用时,取出电池,并保持电池电量充足;

(7) 仪器应定期进行检验，检验不合格且不能修复的仪器应禁止使用。

59 红外热像仪的操作方法和注意事项有哪些？

红外热像仪的操作方法和注意事项如下：

(1) 长按 0.5 s 开机；

(2) 设置参数并添加测量工具；

(3) 为了获取精确的测量结果，必须设置对象参数——辐射率、对象距离、大气温度、相对湿度和环境温度，根据测量目标添加测量区域；

(4) 调整镜头角度并调节焦距，如图 65 所示；

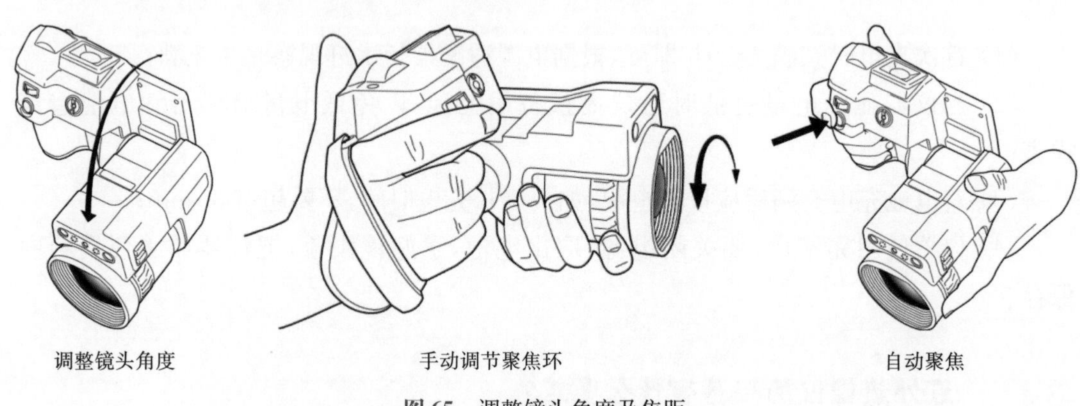

图 65 调整镜头角度及焦距

(5) 保存图像，按下“保存”按钮；

(6) 需要注意，在安全距离允许的条件下，红外热像仪应尽量靠近被测设备，使被测设备(或目标)尽量充满整个仪器的视场，必要时应使用中、长焦距镜头；应选取 3 个不同的拍摄角度(0°、120°、240°)进行拍摄，确保高压电缆户外终端 360°无死角检测，如图 66 所示；复测建议采用同台仪器，避免仪器误差；正确选择被测设备表面的辐射率，如硅橡胶类 0.95，电瓷类 0.92，金属类 0.90；将环境温度、相对湿度、测量距离等其他补偿参数输入，进行必要的修正；发现设备可能存在温度分布特征异常时，应手动进行对焦、温度范围及电平的调节，使异常设备或部位图突出显示。

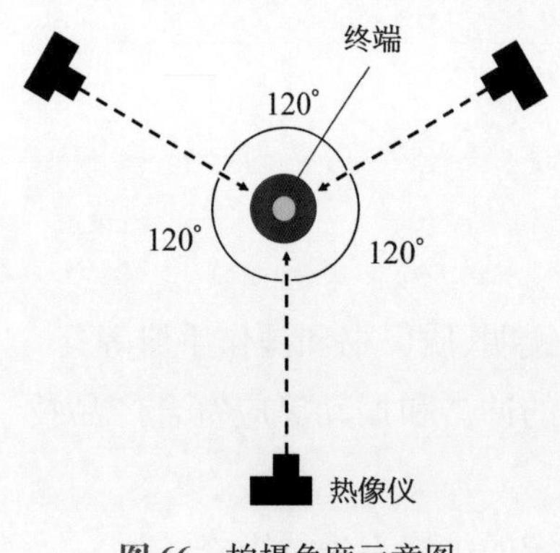

图 66 拍摄角度示意图

使用时需记录被监测设备的实际负荷电流、额定电流、运行电压、被检物体温度及环境温度值，同时记录热像图等。

60 决定红外检测精度的五要素是什么?

影响红外检测精度的五要素见表 12。

表 12 影响红外检测精度的五要素

参数	说明	推荐值
E↗ 辐射率	辐射率是一个物体发出的辐射量,它是与理论参考物体(称为“黑体”)在相同温度下的辐射量相比较而得出的	硅橡胶类 0.95 电瓷类 0.92 金属类 0.90
环境温度	用于补偿由目标反射进热像仪的环境辐射	检测现场实际环境温度
大气温度	热像仪与要测量目标之间空气的温度	检测现场实际大气温度
相对湿度	热像仪与目标对象之间的空气相对湿度	检测现场实际相对湿度
测量距离	热像仪与目标对象之间的距离 在保证安全距离的条件下热像仪应尽量靠近被测设备,使被测设备(或目标)尽量充满整个仪器的视场	测量站内目标可设置 3～5 米,站外目标可设 5～12 米
对测量结果的影响程度:辐射率＞环境温度＞大气温度＞相对湿度＞测量距离		

61 高压电缆户外终端红外检测辐射率如何选择的?

辐射率是影响高压电缆户外终端红外精确检测最重要的因素,高压电缆户外终端设备辐射率推荐值:硅橡胶类 0.95,电瓷类 0.92,金属类 0.90。

62 高压电缆户外终端红外热像图应满足哪些要素?

合格的高压电缆户外终端红外热像图应满足三个条件:参数选择正确;调焦清晰,被测设备居中;温宽电平调节适当,温宽下限略高于环境温度,隐去背景。

满足这些条件后,合格的热像图如图 67 所示。

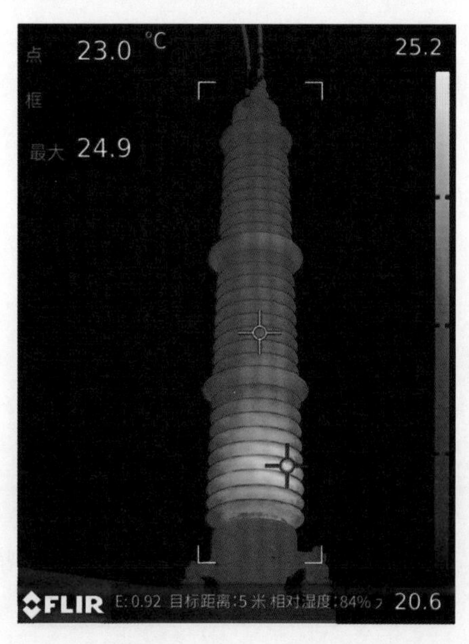

图 67 合格的高压电缆户外终端红外热像图

63 高压电缆户外终端红外热像图的保存和命名的要求有哪些?

命名规则建议采用“时间_地点-线路名称-相别-拍摄角度”的格式，以 500 kV 电缆五杨 5193 杨行站终端为例，命名为“2019－07－10_杨行站-五杨 5193－A 相-0”。

64 高压电缆户外终端红外检测应满足怎样的环境条件?

在满足一般检测要求外(详情参见《DL/T 664 带电设备红外诊断应用规范》)，还应满足以下要求：

(1) 风速不大于 1.5 m/s；

(2) 设备通电时间不少于 6 h，宜大于 24 h；

(3) 户外检测期间天气以阴天、夜间或晴天日落以后时段为佳，避开阳光直射；

(4) 被检测设备周围背景辐射均衡，尽量避开附近能影响检测结果的热辐射源所引起的反射干扰；

(5) 周围无强电磁场影响。

65 高压电缆红外检测现场的安全注意事项有哪些?

(1) 检测人员与带电设备保持 5 米以上的安全距离，如图 68 所示。

图 68　保持 5 米以上安全距离

图 69　"拍不动，动不拍"

（2）遵循"拍不动，动不拍"原则，即检测人员拍摄时应立定，保持原位不动拍摄，而行走时不拍摄，避免发生安全事故，如图 69 所示。

第三节 · 数据分析

66 如何运用红外分析软件分析热像图？

一般运用软件可添加测量点、区域、线等工具对高压电缆户外终端进行分析，如图 70 所示，线温分布图如图 71 所示。

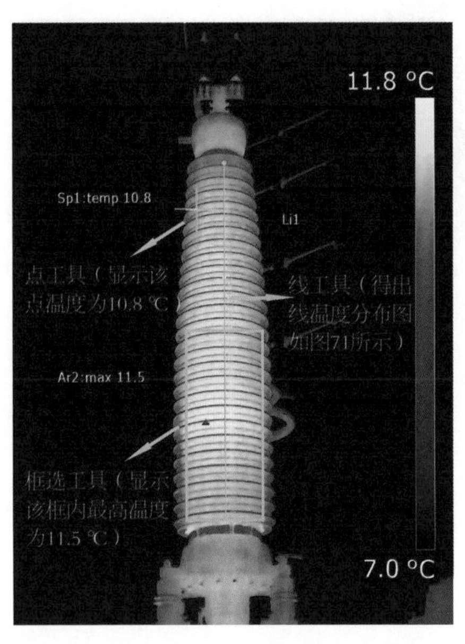

图 70　高压电缆户外终端分析示意图

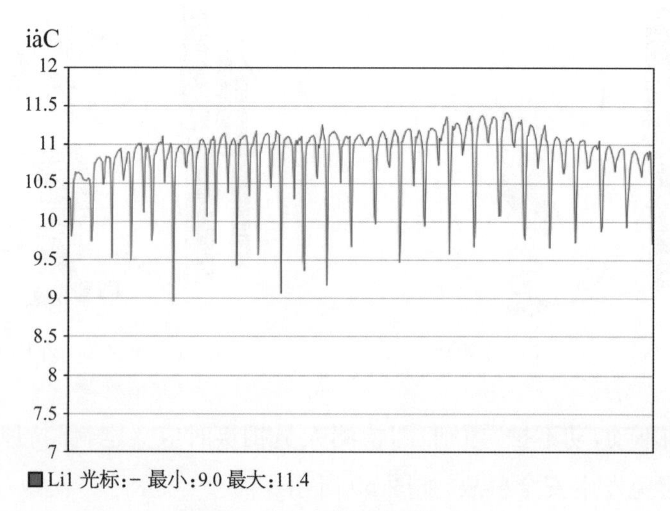

图 71 线温度分布图(线工具)

67 环境温度参照体指什么？现场没有环境参照体时应如何处理？

图 72 环境温度参照体示意图

环境温度参照体：用来采集环境温度的物体，它不一定具有当时的真实环境温度，但具有被检测设备相似的物理属性，并与被检测设备处于相似的环境之中。

如果现场无法找到环境温度参照体，则一般选取高压电缆户外终端上半部分作为环境温度参照体进行分析，如图 72 所示，图中 Ar1 中的最高温度即可认定为环境温度 T_0。

$$\tau_1 = T_1 - T_0$$

式中：T_1 为发热点的温度；T_0 为被测设备区域的环境温度；τ_1 为发热点的温升。

68 造成高压电缆终端红外热像图异常的原因有哪些？

造成热像图异常的原因有以下四点：

(1) 环境因素对红外测温结果造成干扰；

(2) 终端表面污秽；

(3) 虚假高温现象;

(4) 终端本身存在缺陷。

69 环境干扰对高压电缆终端红外热像图的影响有哪些?

环境干扰对电缆终端的影响主要有阳光辐射、临近热源、雨天湿度过大等几种影响因素,如图 73～图 75 所示。

图 73 阳光辐射影响

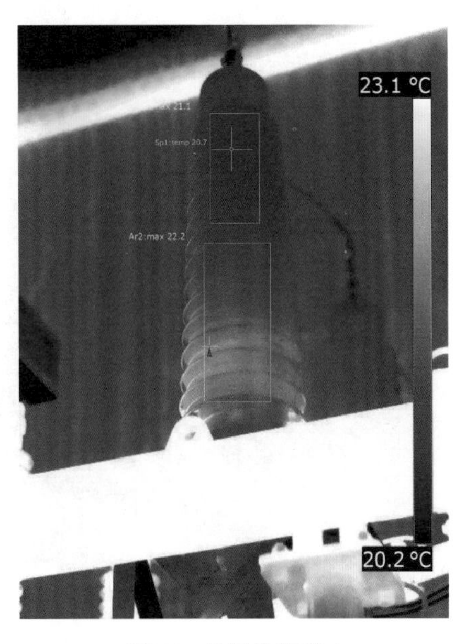

图 74 临近热源影响

图 75 雨天湿度过大影响(湿度 99%)

70 污秽对高压电缆户外终端红外热像图的影响有哪些?

由于电缆终端的场强较大容易吸附空气中的灰尘,在套管表面形成污秽,成片的污秽容易引起污闪跳闸,如图 76 所示。

图 76 污秽对电缆户外终端红外热像图的影响

71 高压电缆户外终端的虚假高温现象是如何产生的?

表面光洁度过高的不锈钢材料、其他金属材料和陶瓷所引起的反射或折射可能会出现虚假高温现象。

72 高压电缆终端缺陷的致热点容易发生在哪些位置?

高压电缆户外终端缺陷致热容易发生在连接金具、尾管及应力锥部位,如图 77 所示。

图 77 高压电缆户外终端缺陷易发生位置

73 连接金具发热的热像特征是怎样的?

连接金具发热温升大,甚至可超过 100 ℃,如图 78 所示。

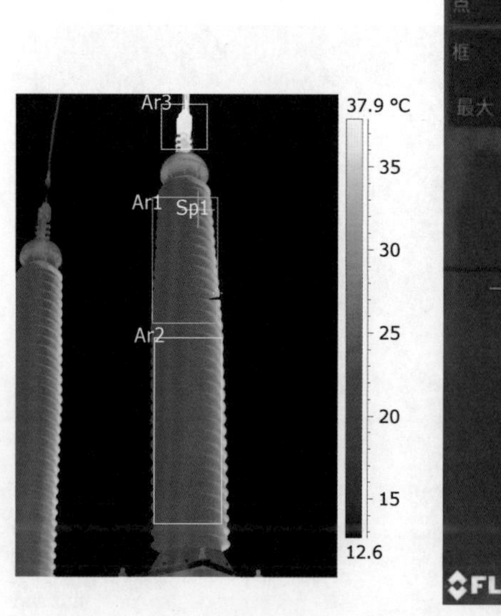

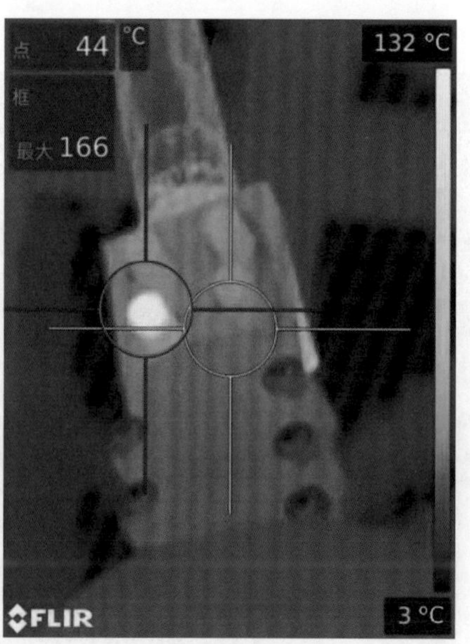

图 78 连接金具发热热像图

74 造成连接金具发热的原因有哪些?

通常导致终端连接金具过热的原因有线夹开裂、线夹接触面氧化腐蚀、线夹螺丝松动、线夹端子接触面粘有异物等,如图 79 所示。

图 79 连接金具缺陷(左起依次为线夹开裂、线夹螺栓松动、线夹接触面氧化腐蚀)

75 连接金具发热疑似缺陷的判断依据是什么？对缺陷严重程度如何定性？

相对温差为两个对应测点之间的温差与其中较热点的温升之比的百分数，如下式：

$$\delta=(\tau_1-\tau_2)/\tau_1=(T_1-T_2)/(T_1-T_0)$$

式中：τ_1 和 T_1 为发热点的温升和温度；

τ_2 和 T_2 为正常相对应点的温升和温度；

T_0 为被测设备区域的环境温度。

一般缺陷：$\delta \geqslant 35\%$。

重要缺陷：$\delta \geqslant 80\%$ 或热点温度 $>$ 90 ℃。

紧急缺陷：$\delta \geqslant 95\%$ 或热点温度 $>$ 130 ℃。

76 高压电缆户外终端尾管发热的热像特征是怎么样的？

尾管发热温升较大，一般在 10 ℃之内，如图 80 所示。

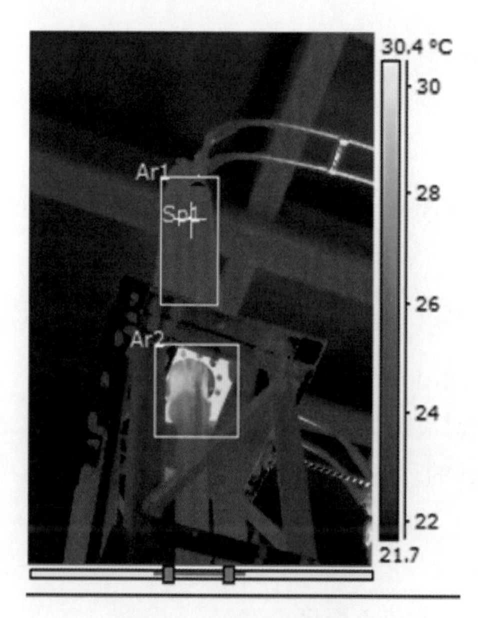

图 80 尾管发热热像图

77 造成尾管发热的原因有哪些？

通常导致终端尾管过热的原因有：尾管受潮腐蚀、接地不良、搪铅不良等，如图 81～图 83 所示。

图 81 终端尾管及金属护层腐蚀

图 82 搪铅不良

图 83　搪铅部位与尾管部分脱落

78 尾管发热疑似缺陷的判断依据是什么？对缺陷严重程度如何定性？

虽然尾管部位是金属部件（铅），但因其部位重要，涉及接地及密封，故其判断依据可参照应力锥发热从严处置。

79 应力锥发热的热像特征是怎么样的？

应力锥发热温升小，一般仅在 3℃以内，如图 84 所示。

图 84　应力锥发热热像图

80 造成应力锥发热的原因有哪些？

通常导致终端应力锥过热的原因有应力锥及耗材质量问题、施工工艺问题、终端内部受潮等，如图 85～图 88 所示。

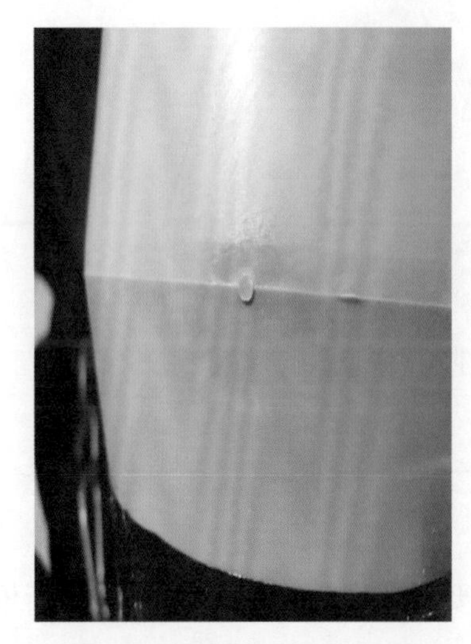

图 85　应力锥预制件质量不良

图 86　应力锥预制件处施工工艺不良

图 87　绕包带材质量不良

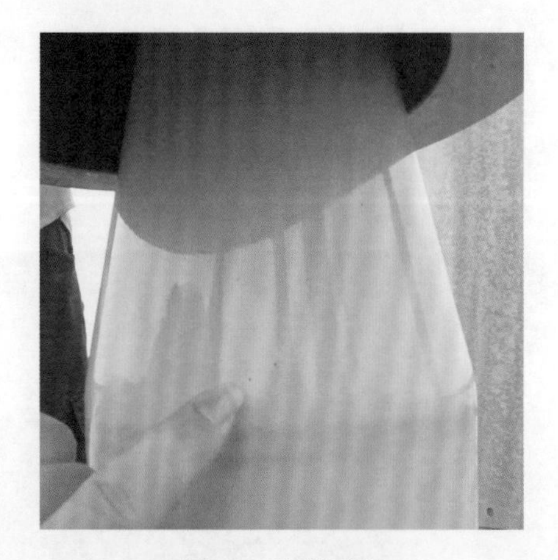

图 88　终端受潮

81 应力锥发热疑似缺陷的判断依据是什么？对缺陷严重程度如何定性？

$$\tau_{锥} = T_{锥} - T_0$$

式中：$T_{锥}$ 为应力锥处的温度；

T_0 为被测设备区域的环境温度；
$\tau_{锥}$ 为应力锥处的温升。

正常：肉眼无法分辨温度变化。
异常：有色差但 $\tau_{锥} < 1℃$。
缺陷：$\tau_{锥} \geqslant 1℃$。

第四节 · 无人机红外巡检技术

82 无人机红外巡检系统由哪几部分组成?

(1) 无人机系统。

以图 89 无人机系统(大疆 M600 Pro)为例，相关参数如下：

外形尺寸	1 668 mm×1 518 mm×727 mm
重量	10 kg
推荐最大起飞重量	15.5 kg
悬停时间	无负载为 38 min，负载 5.5 kg 为 18 min
最大水平飞行速度	65 km/h(无风环境)

图 89 无人机系统(大疆 M600 Pro)

(2) 拍摄系统。

拍摄系统为双光拍摄平台(GSU)，GSU 采用球形转塔结构，内置三轴陀螺稳定系统及减震系统。系统内部集成了一台红外热像仪和一台数码相机，内部装有可插拔存储器件，通过无线传输模块与手持遥控显示单元 HCU 连接，如图 90 所示。

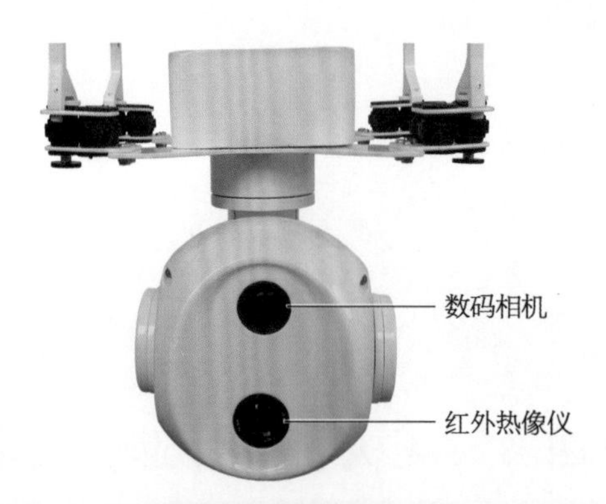

图 90 双光拍摄平台

其中，数码相机参数为 300 万有效像素、10 倍光学变焦、高清 1080P 录像；红外热像仪分辨率为 640×512。

(3) 手持遥控显示单元(HCU)。

HCU 主要包括运动控制、图像显示控制及数据存储和记录控制等几部分，如图 91 所示。

图 91 手持遥控显示单元

83 无人机红外巡检应满足怎样的环境条件?

(1) 禁止夜航巡线，禁止在变电站和发电厂等正上方近距离飞行检测；

(2) 天气良好，无雨、雪、大风；

(3) 起飞地点避开人流；

(4) 起飞点上方开阔无遮挡；

(5) 起飞点地面平整。

84 无人机自检项目有哪些?

无人机自检项目见表13。

表13　无人机各项自检项目

开箱检查	开机检查	试飞检查
(1) 飞行器电量充足 (2) 遥控器电量充足 (3) 飞行器无损坏 (4) 所有部件齐全 (5) 螺旋桨安装牢固 (6) 相机卡扣已取下	(1) 打开遥控器并与手机/平板连接 (2) 确保飞行器水平放置后打开飞行器电源 (3) 自检正常(模块自检/IMU/电池状态/指南针/云台状态) (4) 无线信道质量为绿色 (5) GPS信号为绿色 (6) SD卡剩余容量充足 (7) 刷新返航点(如果没有自动刷新,请手动刷新) (8) 根据环境设置返航高度 (9) 操作设备(手机/平板)调到飞行模式 (10) 确认遥控器的姿态选择及模式选择	(1) 起飞至安全高度(3～5米) (2) 观察飞行器悬停是否异常 (3) 测试遥控器各项操作是否正常

85 无人机红外巡检现场的注意事项有哪些?

(1) 任何时候保持无人机在视野之内;

(2) 在飞行到高压电缆处时要保持足够安全的距离;

(3) 不要距离一些敏感设施太近,诸如电站、水处理厂、信号稳定设施、繁忙的公路及政府设施等应尽量远离;

(4) 时刻关注飞行器的姿态、飞行时间、飞行器位置等重要信息;

(5) 必须确保飞行器有足够的电量能够安全返航;

(6) 起飞后,必须一直关注飞机的飞行状态,实时掌握飞机的飞行数据,确保飞行时飞行各项数据指标完好。

(7) 飞行时,GSU不要对着强光源进行拍摄,避免损坏红外热像仪。

86 无人机驾驶员需要具备怎样的资质?

(1) 实名登记:2018年国家新出的规定中明确指出,除微型无人机外其他所有的无人机都需要进行实名登记，登记方式是在中国民用航空局公布的无人机实名登记网站上登记个人信息和无人机信息，并且还需要把信息生成的二维码打印出来贴在无人机上作为标记，而实名登记认证的信息要与飞行管理部门和公安部门双方进行共享。

（2）飞行执照：目前常用的无人机主要是微型无人机（0～7 kg）和轻型无人机（7～116 kg），其中微型无人机暂时不用考取驾照，7 kg 以上的无人机都需要考取驾照。无人机驾驶员执照是由中国民用航空局下发的，如图 92 所示，是目前最具权威性的执照，执照分为视距内驾驶员、超视距驾驶员和教员三个等级，可直接考取，也可递进式考取。

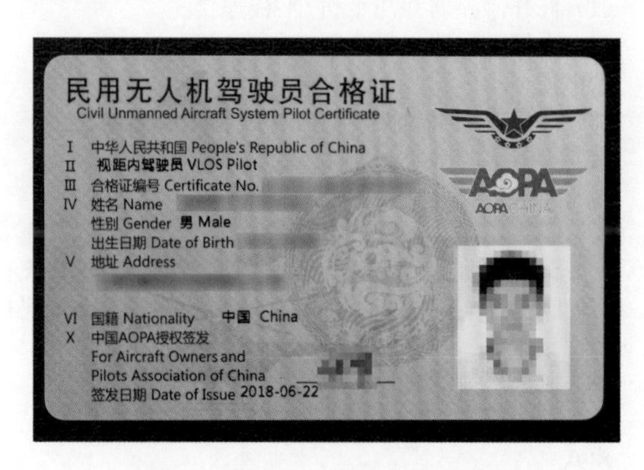

图 92 民用无人机驾驶员合格证

第四章

高压充油电缆检测技术

第一节・概述

87 什么是高压充油电缆?

高压充油电缆包括自容式充油电缆和钢管式充油电缆,是用补充浸渍剂的办法消除因负荷变化而在油纸绝缘层中形成的气隙,以提高工作场强的液体绝缘电缆。其中,自容式充油电缆是在导体中央具有纵向油道,在绝缘层外包以金属套的单芯充油电缆,或三相分别屏蔽后统包金属套的三芯充油电缆,采用压力箱对油施加恒定的压力。目前,国内在用的高压电缆基本都是单芯自容式充油电缆,所以本书仅讨论单芯自容式高压充油电缆。

88 高压充油电缆的线路由哪几部分组成?

充油电缆线路主要包括电缆本体、附件(电缆终端头、电缆接头等)、附属设备(接地装置、供油装置等)、附属设施(电缆支架、标识标牌等)及电缆通道(电缆隧道、电缆沟、排管等),缩略图如图 93 所示。

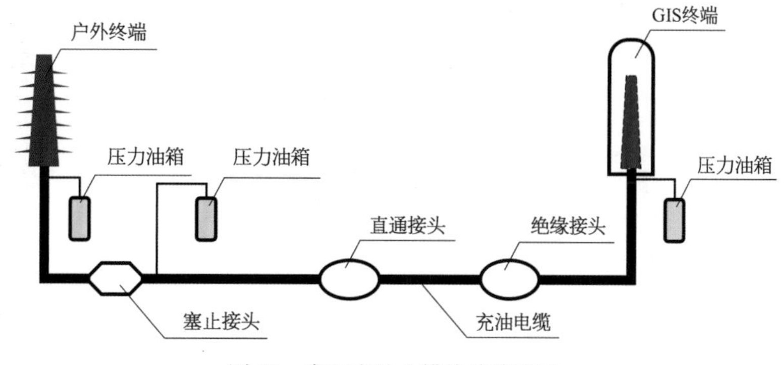

图 93　高压充油电缆线路缩略图

89 高压充油电缆的基本结构是怎样的？

高压充油电缆的基本结构包括油道、螺旋管、导体、导体屏蔽、油纸绝缘、绝缘屏蔽、铅护套、加强层、外护套，其具体结构如图 94 所示。

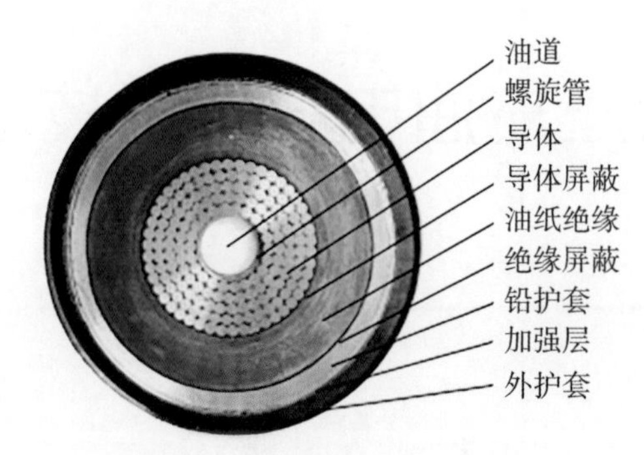

图 94 高压充油电缆基本结构

90 高压充油电缆终端的类型有哪些？

高压充油电缆终端附件主要有户外终端和 GIS 终端两种。

(1) 高压充油电缆户外终端。

高压充油电缆户外终端一般都选用瓷套管终端，实物如图 95 所示，结构如图 96 所示。

图 95 高压充油电缆户外终端实物

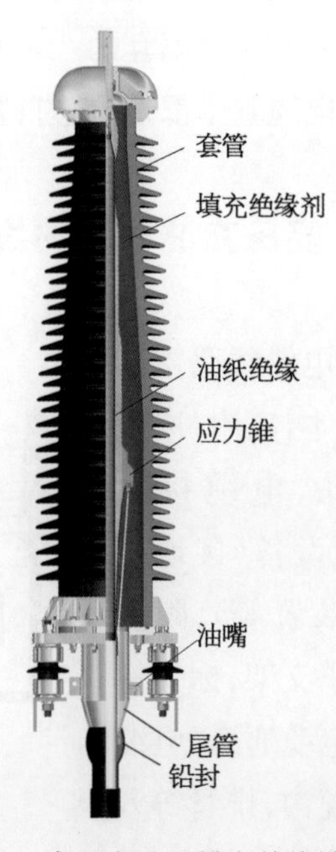

图 96 高压充油电缆户外终端结构

(2) 高压充油电缆的GIS终端。

高压充油电缆实物如图97所示,结构如图98所示。

图97 高压充油电缆GIS终端实物

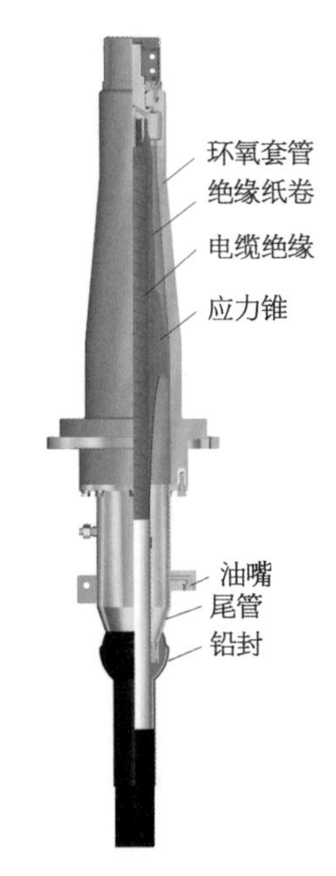

图98 高压充油电缆户外终端结构

91 高压充油电缆接头的类型有哪些?

高压充油电缆中间接头主要有直通接头、绝缘接头、塞止接头,除此之外还有一种特殊的接头:过渡接头。

(1) 直通接头。

直通接头是连接两根电缆使其形成连续电路的附件,对于短电缆连接的情况,一般金属护套连接两端电缆的铅包,如图 99 所示。

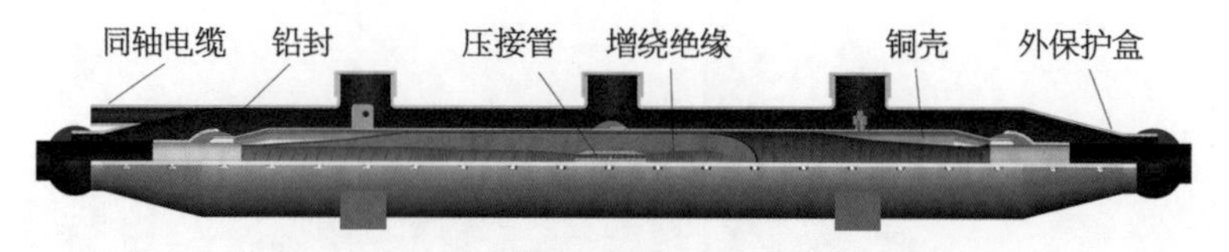

图 99 高压充油电缆直通接头结构

(2) 绝缘接头。

绝缘接头是将电缆的金属护套、接地金属屏蔽和绝缘屏蔽在电气上断开的接头。对于长线路电缆连接的情况,为了降低金属护套环流,使用绝缘接头可以使导体相连,两根电缆金属护套绝缘,可以进行交叉换位,如图 100 所示。

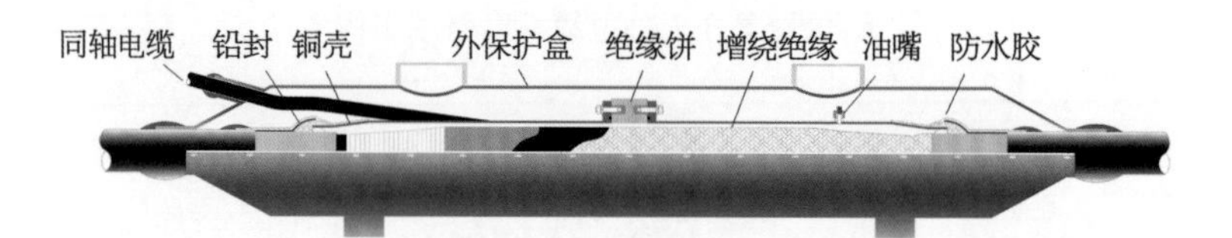

图 100 高压充油电缆绝缘接头结构

(3) 塞止接头。

塞止接头将电缆油道在接头处隔断,使其油段之间互不相通。塞止接头分为三个油腔,分别为内油腔、中油腔和外油腔。中油腔可与压力箱或任意一侧油腔进行连接,内、外油腔互不相通,由两个预制式的对称的环氧树脂套管组成,实物如图 101、图 102 所示,结构如图 103 所示。塞止头将整条充油电缆线路分成数个油段,使各油段分别独立成段,互不影响,减少了暂态油压的变化,同时也防止电缆因发生故障而漏油的情况扩大到整条充油电缆线路。

图 101 高压充油电缆的塞止接头实物

图 102 高压充油电缆的塞止接头实物

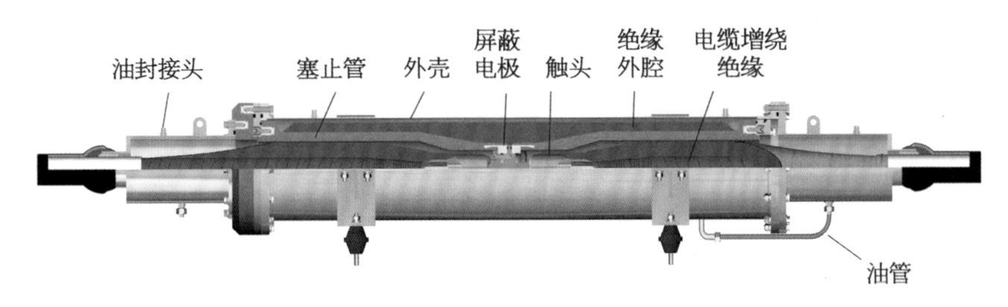

图 103 高压充油电缆的塞止接头结构

（4）过渡接头。

过渡接头是用于两种不同绝缘材料的电缆相互连接的接头。充油-交联过渡接头是高压充油电缆和交联电缆的过渡接头，为了满足某些特殊场合的一种接头。过渡接头实现了充油电缆和交联电缆电气连接的同时还保证了结构的密封性，确保运行过程中不会出现渗漏现象，其结构如图 104 所示。

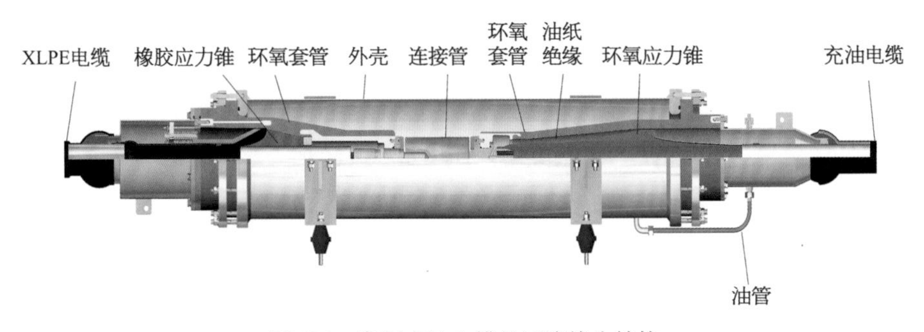

图 104 高压充油电缆的过渡接头结构

92 高压充油电缆的油压警示系统由哪几部分组成？

油压警示系统是充油电缆线路的重要组成部分，为了对油压进行监视，应采用油压警示系统。油压警示系统由信号屏、电触点油压表、导引电缆和继电器组成。其组件功能见表 14。图 105 为电触点油压表实物图。

表 14 油压警示系统的组件功能表

名称	说明	功能
信号屏	油压警示系统的核心	提供整个系统的电源，型号分析及灯光、音响示警
电触点油压表	真实反映油压情况	当油压异常时，通过继电器发出电信号
导引电缆	连接各组件	连接信号屏、电触点油压表和组合继电器
组合继电器	判断元件	判断各种故障情况的装置

图 105 高压充油电缆的电触点油压表

93 高压充油电缆的供油系统由哪几部分组成?

高压充油电缆线路的供油系统由压力箱、供油管路和油压示警系统构成。

(1) 压力箱。

由若干个充有一定压力的二氧化碳气体的封闭弹性元件组装在一个箱体内,每个压力箱都有一个单独表计,其结构如图 106 所示。当压力箱油排出后,元件膨胀,箱内油压随之而下降,反之油压升高。压力箱实物如图 107 所示。

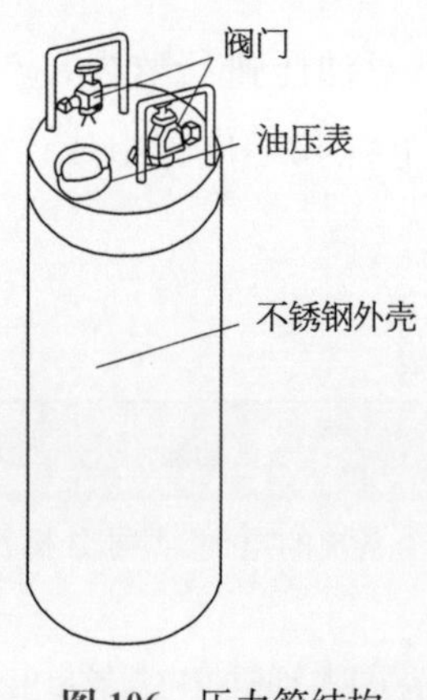

图 106 压力箱结构

图 107 充油电缆压力箱实物

(2) 供油管路。

供油管路采用单元化结构,即一个或多个供油箱组成一组,对一相电缆供油。图108为供油管路重要部件四通压力阀实物,各管路用途见表15。

图108 供油管路的四通压力阀

表15 油管路部件及用途

名称	用途
螺母	固定闷头及油嘴
闷头	管路封堵
油嘴	连接铜管
油嘴闷头	封堵油嘴
双头螺管缩节	连接油嘴
仪表螺母	连接电接点压力表
四通压力阀	连接压力箱、压力表、电缆、闷头
绝缘缩节	电缆护套隔离

第二节 · 现场应用

94 高压充油电缆巡视的基本要求有哪些?

高压充油电缆定期巡视检查项目和周期见表16。

表16 高压充油电缆定期巡视周期表

巡视项目	巡视周期		
	110(66)kV	220 kV	330 kV 及以上
充油电缆线路路面	14天	7天	7天
户内、外终端	1个月	14天	14天
充油电缆供油装置	1个月	14天	14天
电缆隧道、塞止井	1个月	14天	14天
电缆桥、电缆层、换位箱、接地箱	6个月		
电缆沟、排管工井及支架	12个月		

巡视时，需要认真检查供油装置是否存在渗、漏油情况，压力表计是否损坏，油压报警系统是否运行正常，油压是否在正常范围内，并记录压力值，油压巡视记录表见表 17。

表 17　油压巡视记录表

线路名称		巡视日期	
(部门)班组		负责人	
地点			
油压上限		油压下限	
A 相油压数		B 相油压数	
C 相油压数		温度	
备注			

充油电缆油压受温度影响较大，所以在夏季温度较高时、冬季温度较低时，都需要加强巡视，并记录油压值，如图 109 所示。

图 109　气温较高或者气温较低时需加强巡视

95 如何检测高压充油电缆的漏油点？

充油电缆检查漏油点有冷冻分段法、油流法和油压法三种。油压法测试漏油点只限于线路漏油量较大的情况。漏油时线路的油压降一般都很小，油压差别不显著，不易得到精确的测量结果。

96 如何应用冷冻分段法检测高压充油电缆的漏油点？

冷冻分段法用液氮作为冷冻剂，将充油电缆内部的油局部冷冻，使电缆油路暂时分为两个供油段，通过对两段油压和油流的变化进行比较，从而确认漏油段。这样，按照二分之一分段法依次逐段冷冻，逐步缩小漏油段范围，最后找到漏油点。图 110 所示为冷段分段法测试电缆漏油点的原理图。

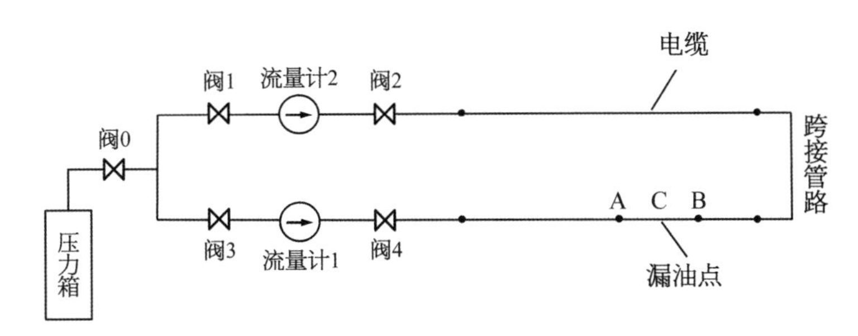

图 110 冷冻分段法测试电缆漏油点

将充油电缆内部的油局部冷冻，需要使用冷冻盒，冷冻盒常用铜皮或铁皮制成，如图 111 所示。为了使电缆中的油冻结成固体的油柱，需要将温度降低到－60～－70℃。

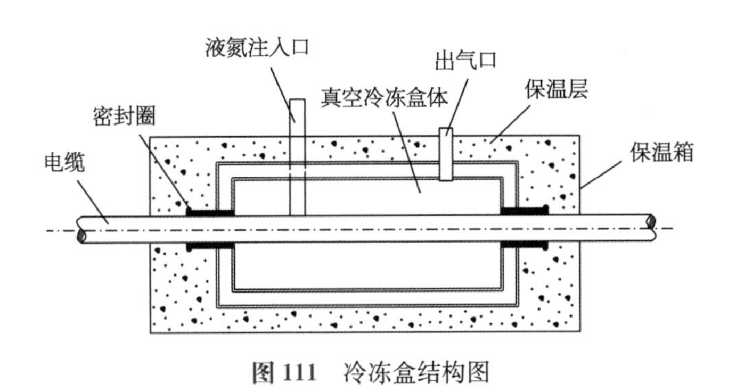

图 111 冷冻盒结构图

97 如何应用油流法检测高压充油电缆的漏油点？

油流法是利用在同样的油压作用下，经过不同途径到达漏油点的油量与该途径的长度成反比的原理。如图 112 所示，在漏油段的一端接压力箱和流量计，另一端用油管路与不漏油的一相跨接，经过一段时间，当油流量稳定后，则有

$$X = \frac{Q_1}{Q_1 + Q_2} \times 2L$$

式中：X 为漏油点到测试端的距离，m；

L 为电缆长度，m；

Q_1 为连通完好相电缆的油流，m^3/s；

Q_2 为连通漏油相电缆的油流，m^3/s。

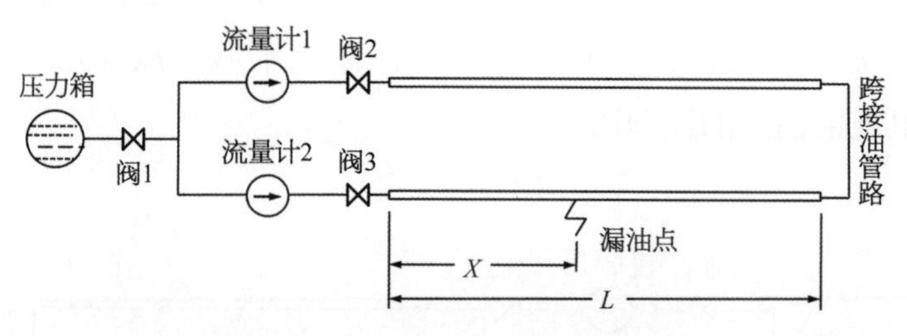

图 112　油流法测试充油电缆漏油点

98 高压充油电缆取油样的作业流程是怎样的？

图 113　油样瓶

取油样之前，油样瓶必须彻底清洗和干燥。清洗时不允许用容易脱落纤维的破布和棉纱等擦拭容器，应先用中性洗涤剂清洗，再用大量自来水冲洗，然后用蒸馏水冲洗，滴干后再将油样瓶放入烘箱在 100～105 ℃的温度下烘 1 h。油样瓶应采用棕色磨塞广口玻璃瓶，油样瓶取样后需贴标签，标明电缆、终端、油桶的名称、编号、取样日期和气候等，如图 113 所示。

找到压力箱附近的四通口（一口通向电缆，一口通向压力箱，一口通向压力表，一口为闷头），观察四通口是否具备取样条件。取样所需的工具有扳手、油样瓶、取样油管、擦布。将油压信号解除，防止取样过程中油压警报误报。将压力箱阀门关小，控制油流速度。取油样步骤如下：

（1）用不脱落纤维的清洁布擦去压力箱阀门或电缆封帽上的污物和尘埃；

（2）卸下压力箱阀门上的或电缆封帽上的堵头；

（3）开启阀门，使电缆油慢慢流出，放掉冲洗排油口的油样约 300 mL；

（4）用电缆油刷洗油样瓶，最后将电缆油慢慢地灌入油样瓶中；

注意事项：在油温低于环境温度时不允许取油样，在相对湿度高于 75%时也不应取油样，在有风、沙、雨、雪和雾的天气也不宜取油样。如果在这些特殊情况下取油样时，则必须采取防止油受潮或受污染的有效措施，如采用篷布加以遮蔽，将取油样设备加热到环境温度以上。

99 高压充油电缆的油样试验有哪些？

充油电缆的油样试验一般包括电缆油工频击穿电压试验、介质损失角正切测量、色谱分析、含水量试验等。

100 高压充油电缆的电缆油工频击穿电压试验是如何进行的？

用试油将油杯洗涤 2～3 次，然后将绝缘油缓慢倒入置有标准电极的瓷质油杯中，试验电极应由抛光黄铜制成，直径为 25 mm，为了避免电极尖端放电，边缘要制成 $R=2$ mm 的圆角，两侧电极的轴心线应在同一直线上，电极间距调整到 2.5 mm，如图 114 所示。电极与油杯壁及油面距离不小于 15 mm，静置 5～10 min，等气泡全部逸出后从零开始施加工频交流电，直至击穿，读取击穿电压，然后用干净的玻璃棒在电极中间搅动数次（不可触动电极距离）除去炭迹，静置 5 min 再次加压至击穿，如此重复 5 次，击穿电压的平均值作为试油的平均击穿电压。

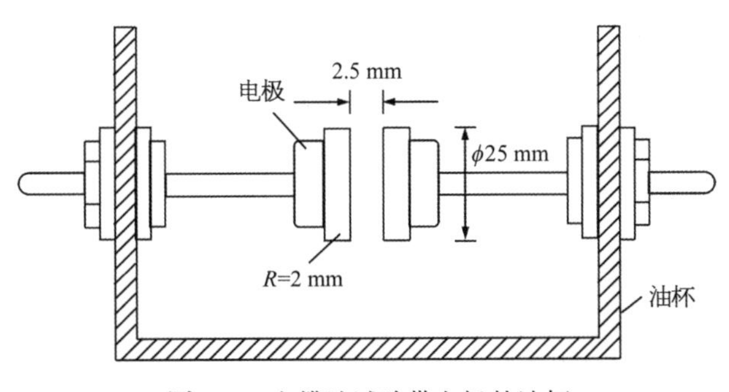

图 114　电缆油试验带电极的油杯

101 高压充油电缆的油样试验的数据是如何分析的？

取得的油样送至实验室后，需对油样进行耐压、色谱、介质损耗和微水的试验，并出具试验分析报告，见表 18。

表 18 充油电缆油样试验分析报告

线路名称××_取样点××_相位×相				
设备类型：充油电缆	制造商：/		投运日期：/	
线路名称：	地点名称：		相数：	
油类型：电缆油	电压等级：/		取样方式：开放	
油的使用状态：在用	取样部位：/		Lab 质控号：	
检测项目	**检测方法**	**单位**	**检测结果**	**限值**
油中溶解气体(DGA)分析				
可燃性气体	GB/T 17623—1998	μL/L		≤1 500 μL/L
氢气(H_2)	GB/T 17623—1998	μL/L		≤500 μL/L
乙炔(C_2H_2)	GB/T 17623—1998	μL/L		<0.1 μL/L
一氧化碳(CO)	GB/T 17623—1998	μL/L		≤100 μL/L
二氧化碳(CO_2)	GB/T 17623—1998	μL/L		≤1 000 μL/L
甲烷(CH_4)	GB/T 17623—1998	μL/L		≤200 μL/L
乙烷(C_2H_6)	GB/T 17623—1998	μL/L		≤200 μL/L
乙烯(C_2H_4)	GB/T 17623—1998	μL/L		≤200 μL/L
丙烷(C_3H_8)	GB/T 17623—1998	μL/L		≤500 μL/L
丙烯(C_3H_6)	GB/T 17623—1998	μL/L		/
氧气(O_2)	GB/T 17623—1998	μL/L		/
氮气(N_2)	GB/T 17623—1998	μL/L		≤8.00×10^4 μL/L
油质分析				
介质损耗因数(100 ℃)	GB/T 5654—2007	%		≤0.5
水分	GB/T 7600—2014	mg/L		/
击穿电压(2.5 mm)	GB/T 507—2002	kV		≥50
单位名称：	报告编号：×××			
诊断结论： 参照 DL/T 722—2014、 DL/T 596—2015 标准判定				
DGA 诊断				
油质诊断				

高压电缆油除了考核其电气指标外，其溶解的气体量也是一个重要的指标。可以通过对电缆油进行溶解气体试验（色谱分析），判断电缆的运行状态。根据 DL/T 596—1996 的规定和其他运行检测资料，确定高压电缆油中溶解气体注意值和参考检查方案，见表 19。

表 19 高压电缆油中溶解气体注意值和参考检查方案

电缆油中溶解气体的组成	注意值(10^{-6})	参考检查方案
可燃性气体总量	1500	对电缆线路进行全面检查
氢气	500	可能电晕放电
乙炔	痕量(0)	可能电弧放电
一氧化碳	100	可能绝缘过热
二氧化碳	1000	
甲烷	200	可能低温分解油
乙烷	200	
乙烯	200	可能高温分解油
丙烷	200	可能低温分解油
丙烯	200	可能高温分解油
溶解气体	10000	从密封性能方面进行评估
全酸值	0.02 mg(KOH)/g	从油化学老化方面进行评估
微水量	10	从密封性能方面进行评估

第五章

高压电缆接地电流检测技术

第一节 · 概述

102 高压电缆金属护层的主要作用是什么?

根据金属护层材料不同,可以将高压电缆划分为铝护套电缆和铅护套电缆,其中铝护套有皱纹铝护套和平滑铝护套两种形式。铝护套电缆具有较好电气性能,重量轻,成本低,为常用产品,如图 115 所示;铅护套电缆具有抗腐蚀性,防水性能优异,常用于海水、地下水等腐蚀较强的环境。金属护层的作用是径向阻水、密封防潮、承受外力等,同时进行了电气接地,是容性电流、护层环流、不平衡电流、故障电流等的通道。

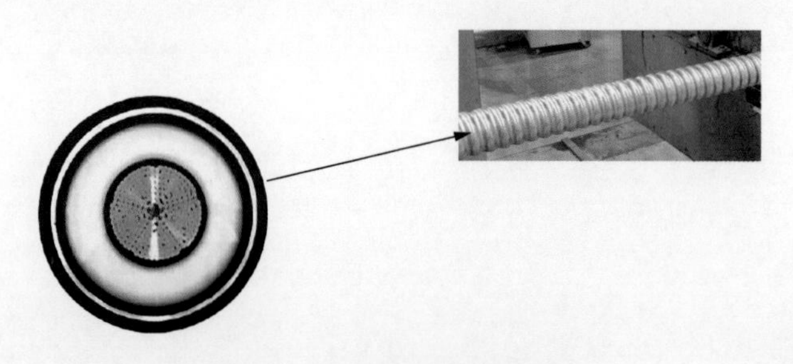

图 115 高压电缆皱纹铝护套

103 高压电缆金属护层上的感应电压和接地电流是如何产生的?

高压电缆在三相交流电网中运行时,当电缆导体中有电流通过时,导体电流产生的一部分磁通与金属护套相交联，与导体平行的金属护套中必然产生纵向感应电压。这部分磁通使金属护套产生感应电压数值与电缆排列中心距离和金属护套平均半径之比的对数成正比，并且与导体负荷电流、频率及电缆的长度成正比。当流经的线芯电流增大，其周围磁场相应增加，在金属护套上所引起的感应电压就相应增大。当电缆线路发生的故障或金护套裸露造成金属护层短接时，金属护层就会与大地之间构成一个有效的电流通路，在其感应电压的条件下产生回路电流，即高压电缆的接地电流，如图 116 所示。

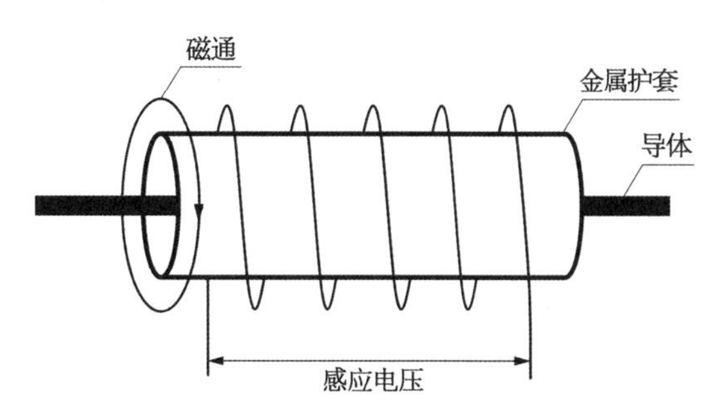

图 116 单芯电缆感应电压和电流的产生

104 高压电缆排列方式对感应电压的影响有哪些？

高压电缆的敷设通常有三种排列方式：L 型排列、品字型排列、水平型排列，如图 117 所示，图中 A、B、C 三相受到的感应电压分别用 U_{A1}、U_{B1}、U_{C1} 表示。线路 L 型排列时，$U_{A1} > U_{B1} > U_{C1}$；线路水平排列时，$U_{A1} = U_{C1} > U_{B1}$；线路品字形排列时，$U_{A1} = U_{B1} = U_{C1}$。

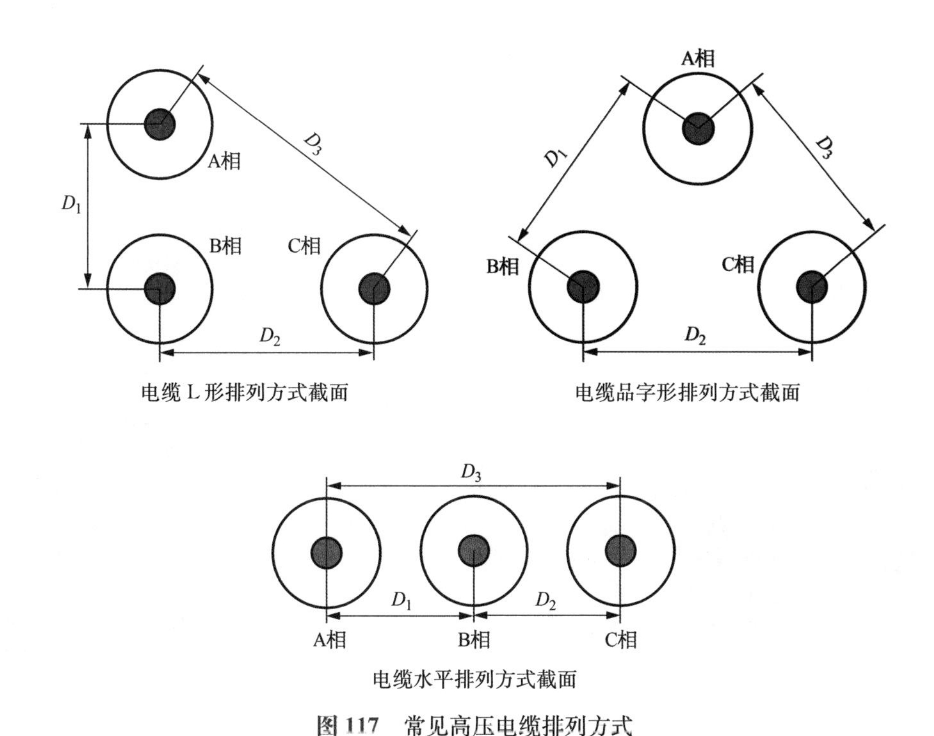

图 117 常见高压电缆排列方式

105 高压电缆接地电流过大会造成怎样的危害?

当接地电流过大时,将会造成电缆线路大量的电能损耗,降低电缆载流量,同时可能加快绝缘老化,严重者将造成电缆故障甚至起火,因此高压电缆接地电流检测是十分必要的。

第二节 · 现场应用

106 高压电缆接地电流的检测周期是如何规定的?

根据 Q/GDW 11316—2014,高压电缆金属套接地电流测试周期应满足:330 kV 及以上电缆线路为 1 个月;220 kV 电缆线路为 3 个月;110 kV 电缆线路为 6 个月。

需要注意的是:当电缆线路负荷较重,或迎峰度夏期间应适当缩短检测周期;对运行环境差的设备、陈旧设备及缺陷设备,要增加检测次数;可根据设备的实际运行情况和测试环境进行适当的周期调整;金属护层接地电流在线监测可替代外层接地电流的带电检测。

107 高压电缆接地电流的检测仪器有哪些?

通常采用便携式钳形电流表或在线监测装置对高压电缆的接地电流进行测量,如图 118 和图 119 所示。

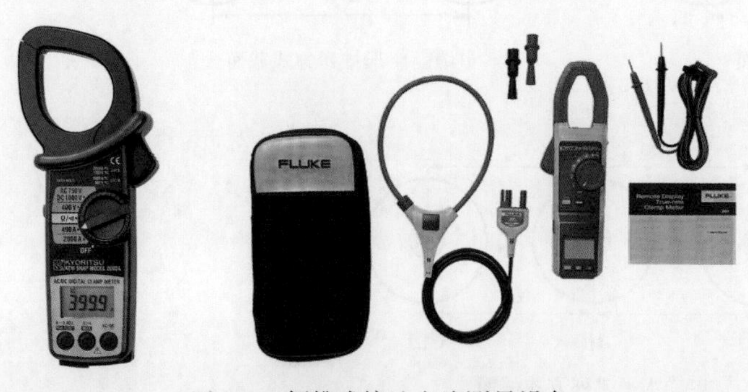

图 118　便携式接地电流测量设备

图 119　接地电流在线监测装置

108 高压电缆接地电流的主要应用场景有哪些?

其应用场景有终端阀片接地箱、终端直接接地箱、长路护层交叉换位箱、长路直接接地箱、长路阀片接地箱等,如图 120 所示,图中红色圆圈为接地环流测试部位。

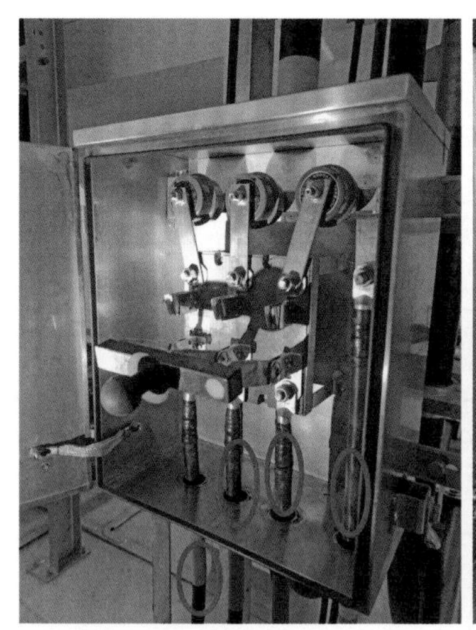

终端阀片接地箱

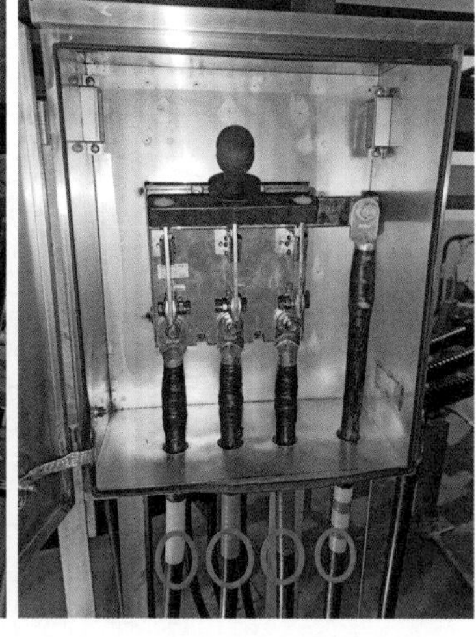

终端直接接地箱

长路护层交叉换位箱

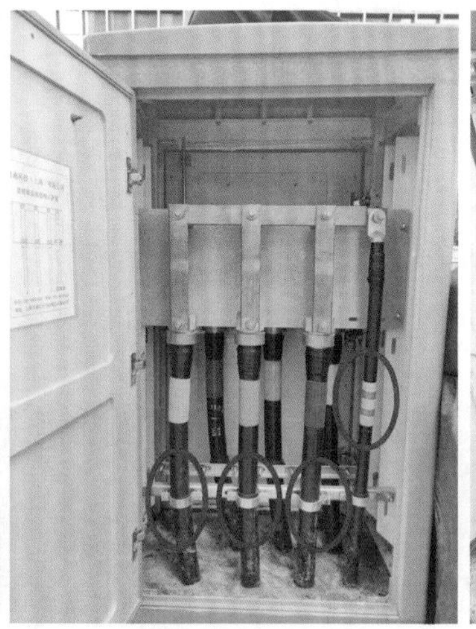

长路直接接地箱

长路阀片接地箱

图 120 常见高压电缆交叉换位箱(接地箱)

109 高压电缆接地电流的检测步骤及注意事项是怎样的?

高压电缆接地电流测试基本步骤如图 121 所示。

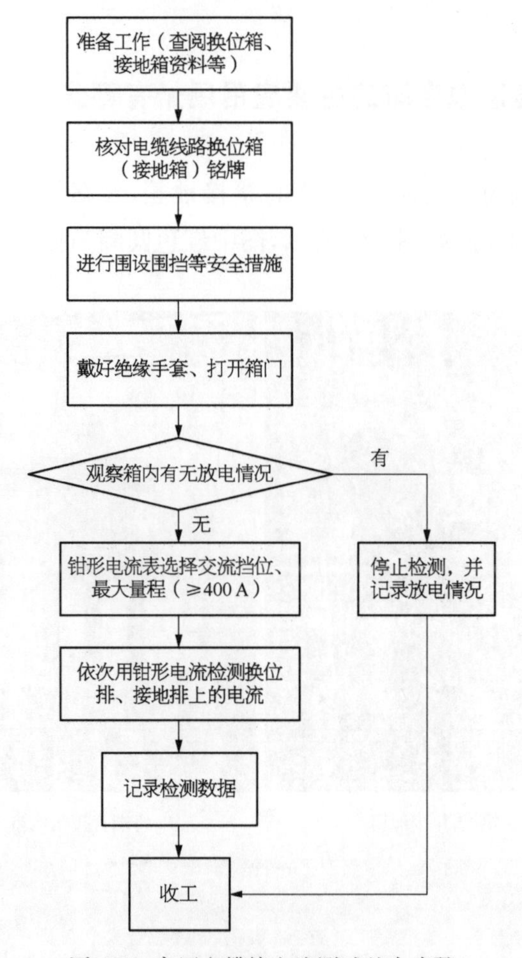

图 121　高压电缆接电流测试基本步骤

操作注意事项：电流表钳口套入导线前应充分调节好量程，不要在套入后再调节量程；电流表钳口套入导线后，应使钳口完全密封。如图 122 所示。

图 122　钳形电流表测接地电流现场实操图

接地电流可记录在表 20 内。

表 20 高压电缆接地电流数据记录

部门/班组		负责人		负荷	
气温(℃)			测试日期		
箱体类型			检测地点		
A(A)		B(A)		C(A)	
A-B(A)		B-C(A)		C-A(A)	
内芯 A(A)		内芯 B(A)		内芯 C(A)	
外芯 A(A)		外芯 B(A)		外芯 C(A)	
接地 E(A)			结果判断	正常□ 注意□ 缺陷□	
注意事项	(1) 当【箱体类型】为“终端直接(阀片)接地箱”时,A(A)、B(A)、C(A)、接地 E(A)字段可填写,其他字段不允许填写 (2) 当【箱体类型】为“长路交叉换位箱”时,A-B(A)、B-C(A)、C-A(A)、接地 E(A)字段信息可填写,其他字段不允许填写 (3) 当【箱体类型】为“长路(阀片)接地箱”时,内芯 A(A)、内芯 B(A)、内芯 C(A)、外芯 A(A)、外芯 B(A)、外芯 C(A)、接地 E(A)字段信息可填写,其他字段不允许填写				

110 高压电缆接地电流数据是如何判定的?

高压电缆接地电流测试结果可参照表 21 进行分析。

表 21 高压电缆接地电流测试结果判定

测试结果	结果判断	建议策略
满足下面全部条件时: (1) 接地电流绝对值<50 A (2) 接地电流与负荷比值<20% (3) 单相接地电流最大值/最小值<3	正常	按正常周期进行
满足下面任何一项条件时: (1) 50 A≤接地电流绝对值≤100 A (2) 20%≤接地电流与负荷比值≤50% (3) 3≤单相接地电流最大值/最小值≤5	注意	加强监测,适当缩短检测周期
满足下面任何一项条件时: (1) 接地电流绝对值>100 A (2) 接地电流与负荷比值>50% (3) 单相接地电流最大值/最小值>5	缺陷	建议停电检查

111 高压电缆接地电流数据出现异常时如何诊断?

高压电缆接地电流数据出现异常时,可能是由以下几方面导致的。

(1) 设计原因。

设计不合理。采取单端接地方式,未设计安装回流线;高压电缆直接采用两端直接接地方式;一个交叉换位段的电缆距离过长;电缆距离过长时,仍采用单端接地方式;护层保护器参数选取不合理,以上几种情况都会导致接地电流异常。

(2) 施工原因。

交叉互联系统接线错误,同一换位段,相邻交叉互联箱连接方式不一样,也叫做换位排接反,如图 123 所示,导致换位失败产生较大的接地电流。

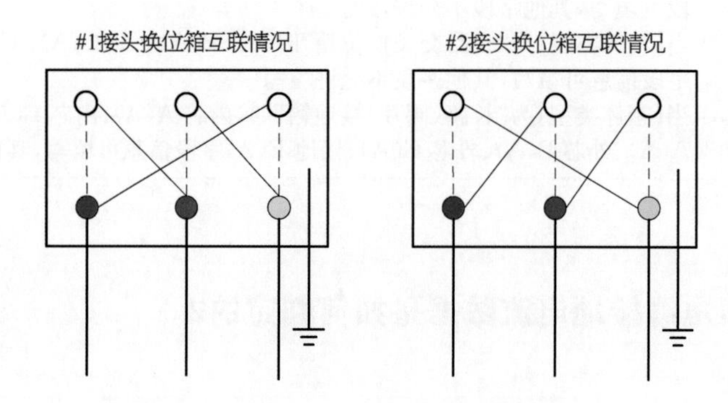

图 123 相邻两交叉互联箱接线方式不一致

(3) 运行原因。

电缆接头的绝缘夹板被击穿,如图 124 所示;高压电缆外护套受损,金属护套两点或者多点接地;同轴电缆内外芯导通;护层保护器被击穿等。

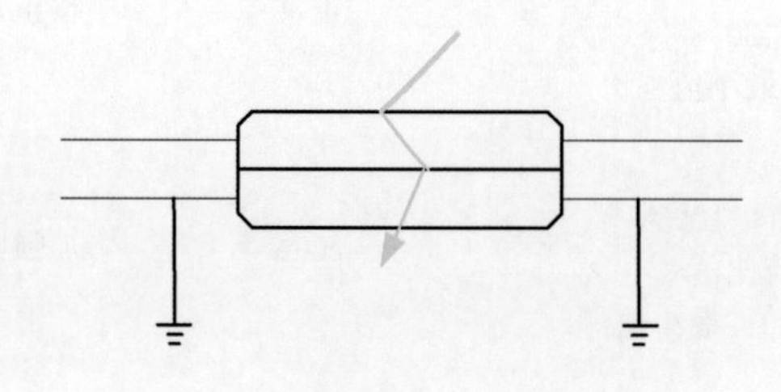

图 124 电缆绝缘接头绝缘隔板击穿

(4) 其他原因。

由于交叉互联箱所处的环境非常复杂,在雨季,交叉互联箱进水的情况时有发生,在一些地势较低的地方甚至出现交叉互联箱被水完全淹没的情况，一旦出现交叉互联箱被水完全淹没，就相当于电缆的金属护套两端完全接地，会产生相当大的接地电流。

护套交叉互联箱，通常设置在地面以上，时常会受到一些未知外力损坏，如图 125 所示，一旦交叉互联箱受到破坏，整个系统的交叉互联结构也会被破坏。

图 125 长路护层交叉换位箱(接地箱)受外力损坏

第六章

高压电缆状态综合检测新技术

第一节 · 高压电缆宽频阻抗谱检测技术

112 高压电缆宽频阻抗谱检测技术的基本原理是什么?

高压电缆宽频阻抗谱反映的是电缆中绝缘介电常数的变化情况。如图 126 所示,高压电缆连接信号发生器与负载后形成完整回路,在回路传输过程中,导线传输性能会因导线长度与电信号波长之比的不同而呈现不同的状态,从而高压电缆宽频阻抗谱呈现不同状态。高压电缆宽频阻抗检测一次测试扫频次数高达 20 000 次,扫描带宽在 0.1~

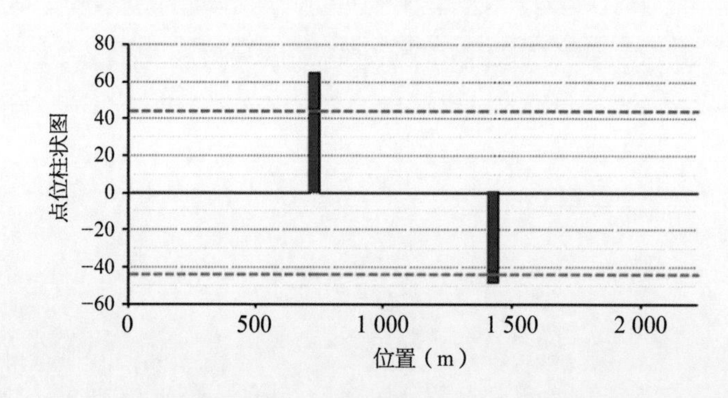

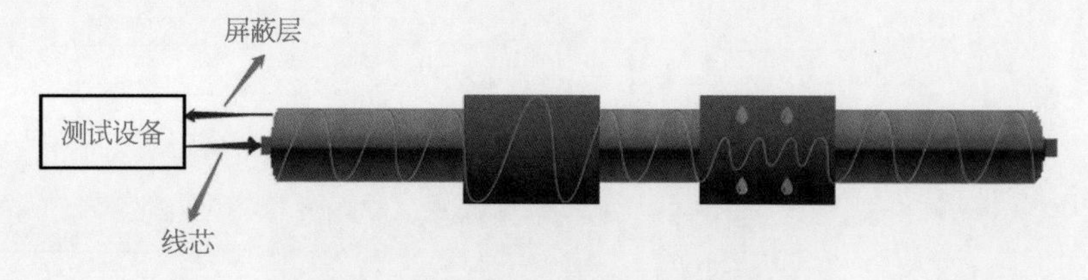

图 126 高压电缆宽频阻抗谱检测原理

100 MHz 范围内调整以匹配特定的电缆长度。该检测方法必须在电缆停电状态下进行检测。

113 高压电缆宽频阻抗谱检测技术的作用是什么?

高压电缆宽频阻抗谱检测能从电缆阻抗谱中有效分离出影响电缆绝缘阻抗变化的特征参量,如过热、辐射、水树入侵、化学腐蚀、外力损坏等,实现电缆局部缺陷的定位与缺陷状态的评估,如图 127 所示。

图 127　宽频阻抗谱检测的作用

114 高压电缆宽频阻抗谱检测技术的关键参数有哪些?

关键参数及其斜率的调节参考表 22 和图 128。

表 22　高压电缆宽频阻抗谱检测的关键参数

关键参数	参数范围	作用	参数选取
频率	0.1～100 MHz(如添加选配件可增加至 1.3 GHz)	频率与测试距离成反比,频率越高衰减越严重,测试距离越短	电缆长度为 2～5 km 时建议频率选取值为 10 MHz,长度为 5～10 km 时选取频率为 5 MHz
带宽	10%～100%	调整阻抗图谱的波形,百分比越高,变化越明显	调整带宽至 30%,观察接头位置情况及阻抗变化点,如不明显,继续上调至 50%,观察波形图变化
斜率	自动调整	系统能够自动测算出阻抗突变位置,如阻抗突变点不明显时,人工进行调整	系统能够自动判断斜率,如无法判断,可将斜率向上或向下调整

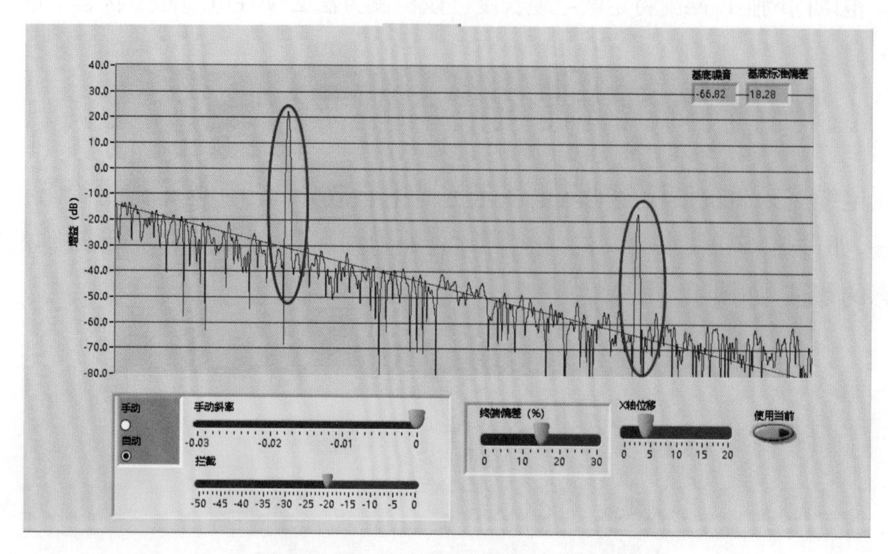

图 128　关键参数斜率的调节

115 高压电缆宽频阻抗谱检测的影响因素有哪些?

在高压电缆宽频阻抗谱测试中,影响现场测量的因素主要有:

(1) 被试电缆上的感应电。

高压电缆宽频阻抗谱测试基于传输线理论。给定一个 5 V 的电压,将阻抗频谱(振幅和相位)作为宽频带(0.1～100 MHz)的应用信号函数来计算和分析,基于高频共振效应的宽带频域的分析方法,将对电缆细微变化非常敏感的电气参数(绝缘介电常数、形状物理参数、电流方向、电流强度、电流湿度、绝缘缺陷等重要状态指标)进行检测,从而分析和计算出复杂的阻抗线性变化,定位出发生明显异常变化的缺陷点,所以如果被测试电缆中存在 5 V 以上的感应电压,不建议直接连接设备进行测试。

(2) 交叉互联箱。

在高压电缆中常常会遇到交叉互联箱,它的保护接地会影响测试结果,如果交叉互联箱存在有保护接地,那测试距离只能从测试端到保护接地端,信号将无法往后面传播,在条件允许情况下需将交叉互联箱恢复成直连箱,同时将保护接地短接接地,这样能提高测试精度,同时设备也能准确定位。

116 高压电缆宽频阻抗谱检测仪现场的接线方式是怎样的?

高压电缆宽频阻抗谱检测适用于任何电压等级的电缆,检测时基于传输线理论,需要连接2个导体，如图129所示，连接方式有多种选择。在高压电缆检测时，多数选择导体和铠装连接，且由于高压电缆都是单芯电缆，不建议采用导体与导体连接方式。

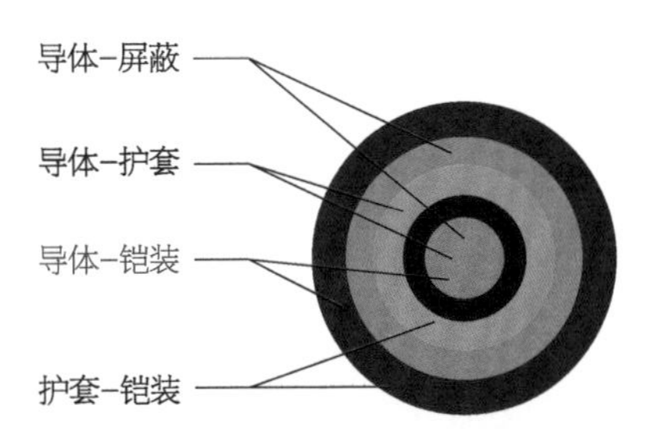

图129 宽频阻抗谱检测仪器与高压电缆的接线方式

117 高压电缆宽频阻抗谱检测现场是如何布置的？

检测现场布置如图130所示。

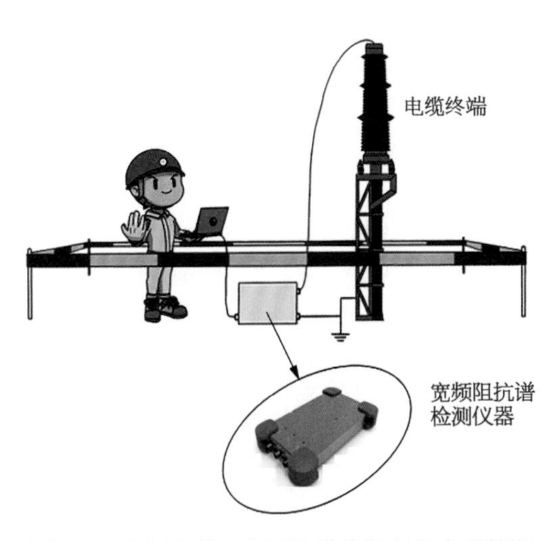

图130 高压电缆宽频阻抗谱检测现场布置情况

118 高压电缆宽频阻抗谱检测技术的实验室应用

(1) 通过线性阻抗方法测得电缆全长、接头、缺陷位置，电缆全长26.41 m，测试得出电缆的阻抗图谱如图131所示。

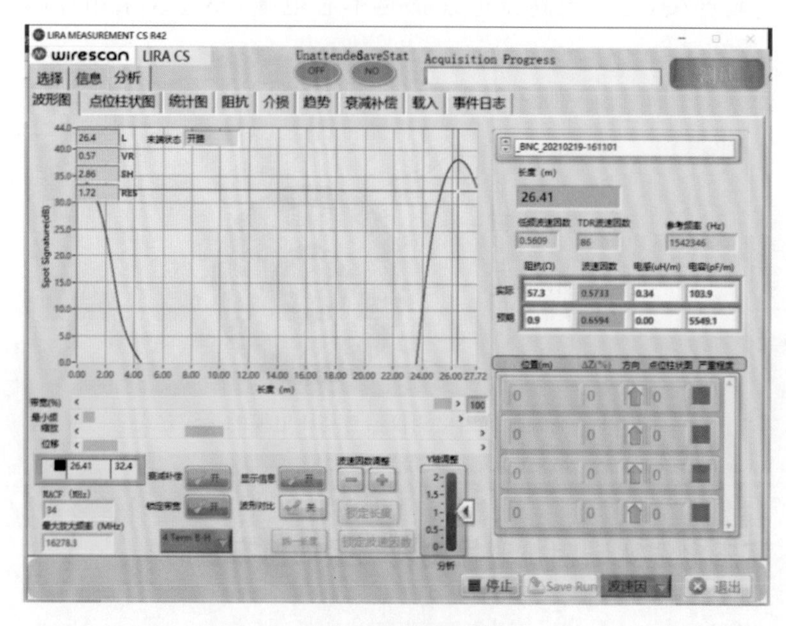

图 131 测试电缆的阻抗图谱(一)

(2) 对电缆其中一点进行水入侵的故障处理,得出的阻抗图谱如图 132 所示。

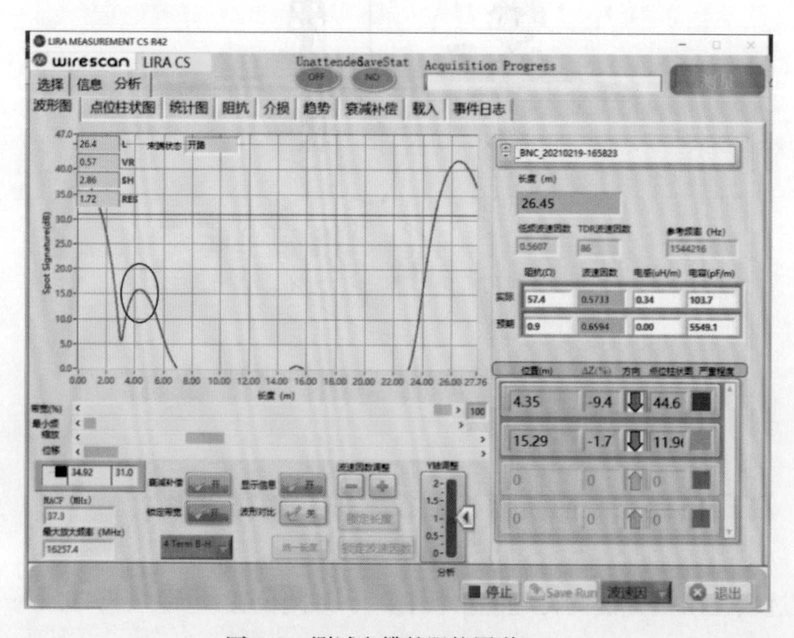

图 132 测试电缆的阻抗图谱(二)

（3）通过对比发现在 4.35 m 处存在明显阻抗变化（图 133），应予以关注。

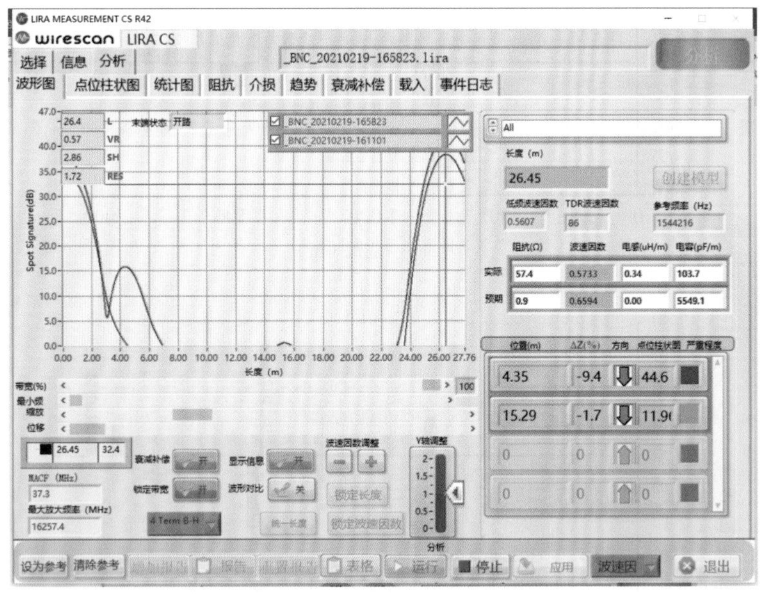

图 133　测试电缆的阻抗图谱（三）

119 高压电缆宽频阻抗谱检测技术的现场实测应用

2020 年 12 月，对 110 kV 某线路电力电缆进行了缺陷部位定位检测工作，工作采用基于阻抗反射系数谱的检测设备对电缆的缺陷部位进行定位检测。检测结果显示，该电缆存在 2 处交叉互联箱，疑似缺陷位置距离测试端 1 769 米处存在较为明显的阻抗变化情况。

根据反射系数谱检测原理，当电缆存在受潮、过热老化、挤压、弯曲过度等情况导致电缆结构不连续时，电缆单位长度的阻抗值会发生改变，在设备检测结果的定位图谱上反映为相应位置处不同颜色的柱状。本次现场检测结果如图 134 所示。对比分析结果

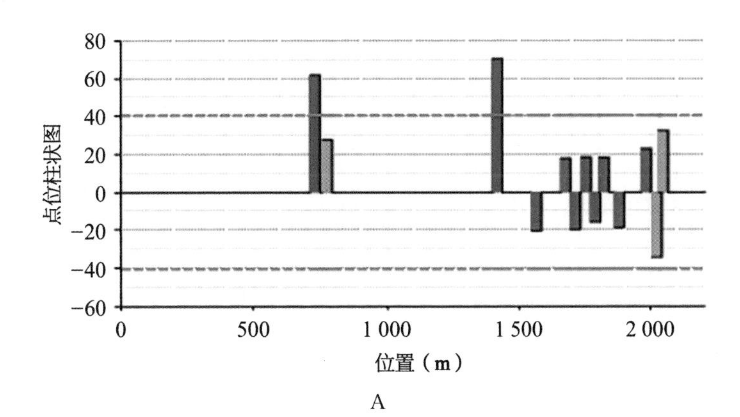

A

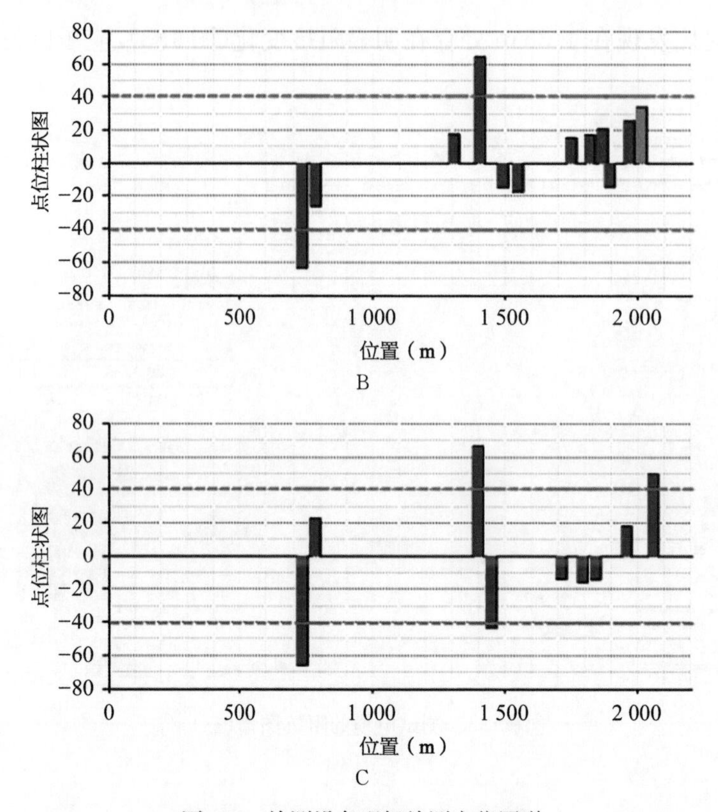

图 134 检测设备现场检测定位图谱

显示，电缆全长为 2 103 米，交叉互联箱共计 2 个，位置分别为：距离测试端 712 米和 1 399 米。通过三相数据比较后初步判断异常位置点为 1 769 米处。

根据检测结果：该检测手段能够有效地定位 110 kV 电缆的中间接头、交叉互联箱、受潮及形变位置，并且在现场其他检测手段不具备检测条件的情况下，宽频阻抗谱测试依然能够进行数据采集和故障位置的精准定位。

第二节 · 高压电缆振荡波耐压局部放电试验

120 高压电缆振荡波耐压局部放电试验的基本原理是什么？

高压电缆振荡波耐压局部放电试验的原理是利用振荡电压激发缺陷处产生放电信号，放电信号以脉冲的形式向两边同时传播，在测试端并联一个耦合器收集这些电流信号并实现定位。

如图135所示，高压电缆振荡波试验系统一般由带保护电阻R的高压源、电感和高压开关组成，还有一个带有高压分压器/耦合电容器的控制单元，用于控制电压产生过程并记录最终施加的电压和局部放电。直流高压电源首先通过线性连续升压方式对被测电缆进行逐步充电（充电电流恒定）、加压至预设值。加压完成后，固态高压开关（激光触发场效应管LTT）在小于1 μs的时间内闭合，使被测电缆电容与试验系统中高压电感产生谐振，从而在被测电缆上产生阻尼振荡交变电压（DAC），加压后设备会进行放电，其波形及频率接近工频电压，且持续时间为毫秒（ms）级，对电缆绝缘无损伤。与此同时，由于连续升压和达到最大电压后立即切换，使得电缆绝缘不会出现稳态，因此测试对象中不会出现直流分量。

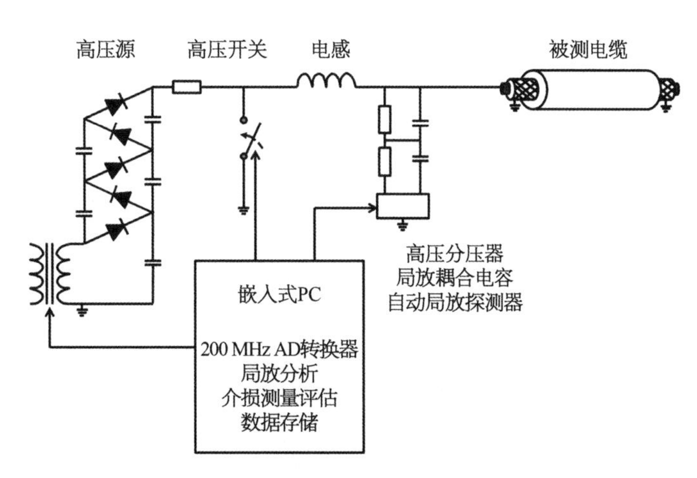

图135 高压电缆振荡波耐压局部放电试验原理

121 高压电缆振荡波耐压局部放电试验的作用是什么？

高压电缆振荡波耐压局部放电试验可对高压电缆进行耐压、局部放电及定位测试，测试高压电缆本体和接头附件的制作工艺，并能定位局部放电点位置和局部放电量的大小，能有效判断高压电缆的绝缘情况。

122 高压电缆振荡波耐压局部放电试验的关键参数有哪些？

该试验的关键参数见表23。

表23 振荡波耐压局部放电试验的关键参数

关键参数	说明	作用
电感容量	设备的电感大小是固定值，一般测试高压电缆设备的电感容量为3 H或5 H，峰值电压为180 kV或300 kV	决定测试电压的峰值
测试频率	由于电感大小是固定值，因此振荡频率取决于被测电缆容量，也就是电缆的长度	使信号在被测电缆中形成阻尼振荡
电容	高压振荡波的测试容量大小为10 uF左右，能测试最长为20 km左右的电缆	决定测试电缆的长度

123 高压电缆振荡波耐压局部放电试验的影响因素有哪些?

对该试验的影响因素见表 24。

表 24 振荡波耐压局部放电试验的影响因素

影响因素	作用
电源质量的干扰	试验过程中绝缘产生最大放电通常是在峰值电压下,电源正弦波的不稳定会引起试验电压峰值的偏差
电磁辐射的干扰	无线电设备的电波发射、电气设备的运行、发动机的运行和自然界中的雷电等都会产生电磁辐射,在空间中,电磁辐射极其复杂,每一种电磁辐射都具有各自频率、波长和能量
接地系统的干扰	在测量系统中,接地系统是试验安全的重要保障之一,同时也作为测量系统试验回路的低压端
金属物体悬浮电位的放电的干扰	测量系统内金属物体悬浮电位的放电,本身就会干扰放电测量,测量系统外金属物体悬浮电位的放电会产生电磁辐射等干扰

124 高压电缆振荡波耐压局部放电试验现场的接线方式是怎样的?

试验现场的接线如图 136～图 141 所示。

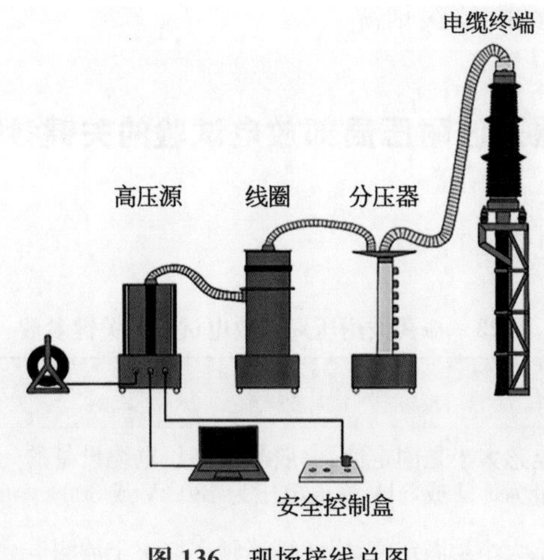

图 136 现场接线总图

图 137　高压源前部接线

图 138　高压源背部接线

注意：通讯线必须对应方可连接；高压源、线圈、高压分压器三者中的接地线通过串联或并联进行连接，并且在连接其三者的接地线中需要有一个主接地(连接设备的接地线与现场接地连接)。

图 139　线圈接线

注意：线圈的 HVDC 与高压源的 HVDC 相对应；高压线缆在测试时不能接触地面，需要距地面一定距离。

图 140　高压分压器接线

注意：PD与TV连接线有对应连接提示；均压环套在绝缘子圆棒上并固定；与高压分压器连接的高压电缆的另外一端与均压环连接。

图 141　接线端子连接情况

125 高压电缆振荡波耐压局部放电试验现场应用注意事项有哪些？

（1）试验之前需要对电缆主绝缘进行绝缘电阻测试；

（2）高压试验接地线必须安装可靠；

（3）试验引线在架设时，必须与周边环境保持充足的安全距离；

（4）在测试结束后，通过放电棒对设备直接进行放电。

126 高压电缆振荡波耐压局部放电试验的数据是如何分析和判断的？

测试结束后，进入分析模式，根据图形形成很明显点的簇状性、波形的相似性及波形衰减性，即可判定此位置处有局部放电现象。

如图 142 所示，电缆振荡波局部放电脉冲筛选依据的基本原则是：

（1）相似衰减性原始脉冲与反射脉冲应形状相似，相似程度取决于衰减程度；

（2）局部放电脉冲在电缆中传播，会随着距离逐渐衰减，衰减表现为幅值减小和频率降低（脉冲变宽）；

（3）每条电缆长度不同，老化程度不同，衰减不同。因此，在进行电缆振荡波局部放电脉冲筛选时，需要在对应的每一个局部放电脉冲图形中依据“相似性”和“衰减性”，选择出与“入射脉冲”对应的“反射脉冲”。

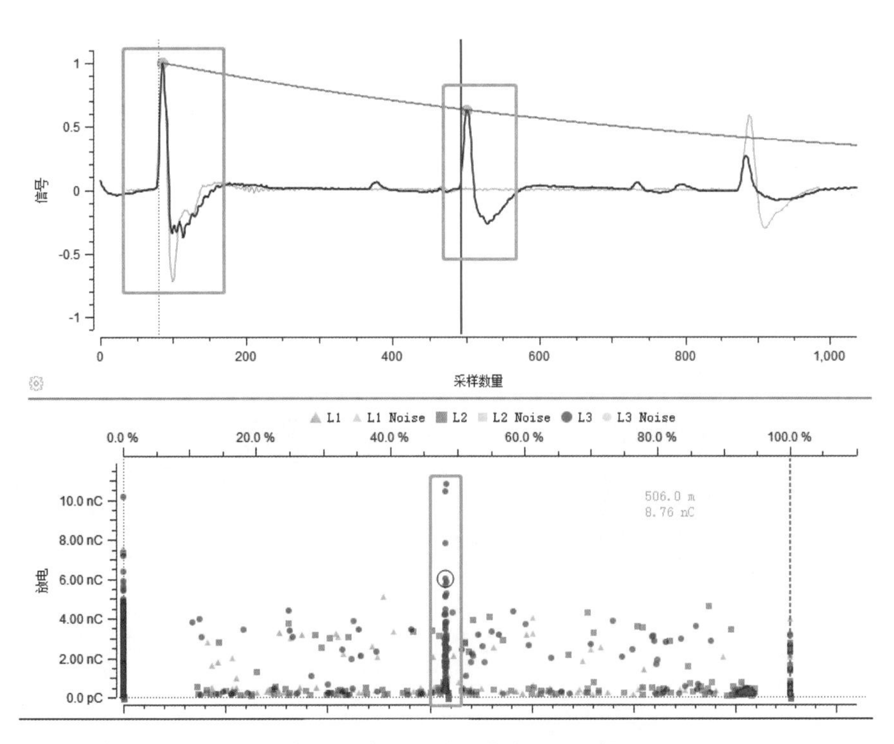

图 142　高压电缆振荡波测试图例

第三节 · 高压电缆涡流探伤检测技术

127 涡流探伤检测技术的基本原理是什么？

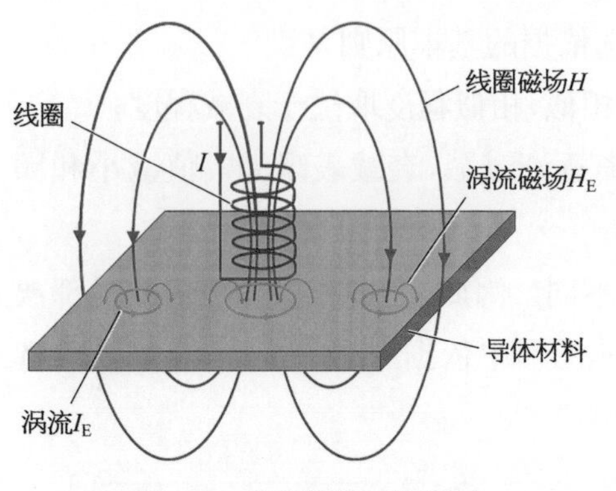

图 143 涡流探伤工作原理

涡流探伤检测技术运用电磁感应原理，在导体材料附近放置了检测探头，探头上会发出交变的磁场与导体材料相互作用，在导体中产生感应涡流信号，该涡流信号会反作用于探头，影响探头上电流的幅值和相位。通过对该电流进行检测，可获取导体表面状态信息，如图 143 所示。

128 涡流探伤检测技术在高压电缆状态综合检测中的作用是什么？

电缆涡流探伤技术可实现在不拆除外壳的情况下对高压电缆封铅质量的实时检测，检测速度快，结果直观，而且对于表面、亚表面缺陷检出灵敏度高。一般应用于高压电缆接头或终端部位的封铅探伤，如图 144、图 145 所示。

图 144 封铅部位开裂情况

图 145 封铅部位脱落情况

129 高压电缆涡流探伤检测技术现场的接线方式和注意事项有哪些?

涡流探伤检测的接线方式如图 146 所示。

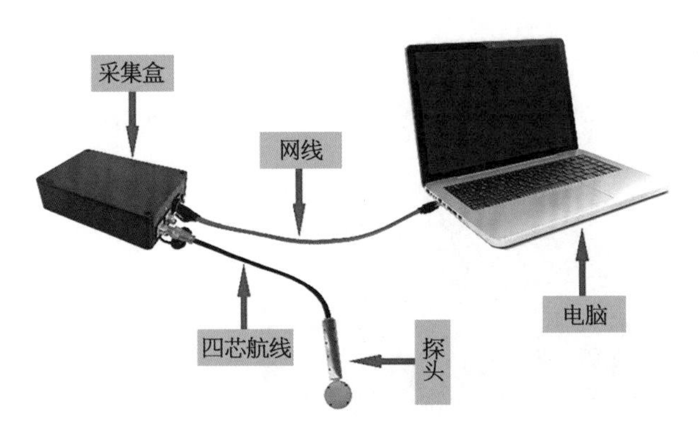

图 146 涡流探伤检测技术接线图

对高压电缆进行涡流探伤时应特别注意：

(1) 高压电缆涡流探伤检测需在电缆停电状态下进行；

(2) 在井下测试时,需注意人员移动空间,满足设备搭建位置需求。

130 高压电缆涡流探伤检测技术的现场实测应用

(1) 220 kV 高压电缆现场实测应用。

经涡流探伤仪检测,发现有异常信号,且信号幅值大于检测标样设置的检测灵敏度;对发现缺陷部位进行包覆层拆解,发现搪铅部位存在铅封严重开裂情况,如图 147 所示。

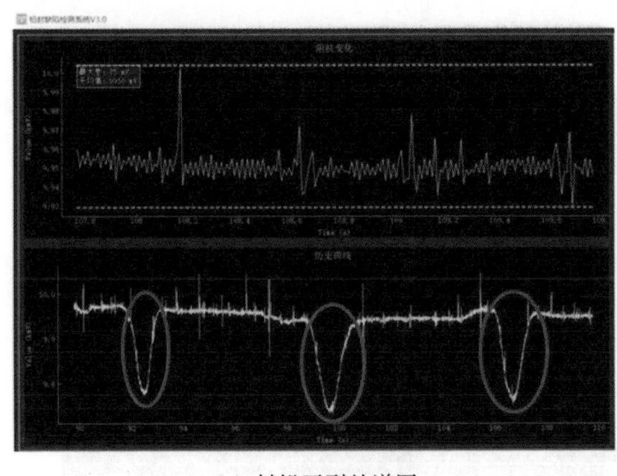

(a) 封铅开裂处谱图

(b) 铅封开裂情况

图 147 高压电缆铅封实测应用(一)

(2) 110 kV 高压电缆现场实测应用。

经涡流探伤仪检测，发现某接头 A 相有异常信号，该信号幅值大于检测标样设置的检测灵敏度；经现场拆解发现，某接头 A 相位置封铅开裂，如图 148 所示。

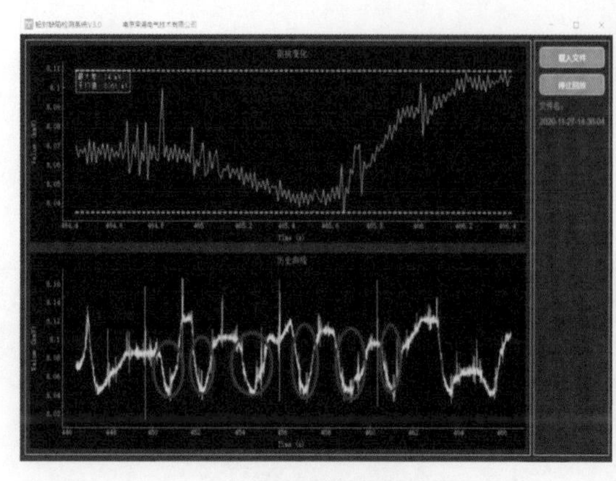

(a) 封铅开裂处谱图

(b) 铅封开裂情况

图 148 高压电缆铅封检测实测应用(二)

第四节 · X 射线检测技术

131 X 射线检测技术的基本原理是什么？

X 射线检测技术是一种无损探伤方法，它利用了 X 射线能穿透物质并且在传播过程中衰减的特性发现缺陷，主要用于检查金属与非金属材料及其制品的内部缺陷。例如电缆中的气孔、杂质等体积性缺陷，如图 149 所示。

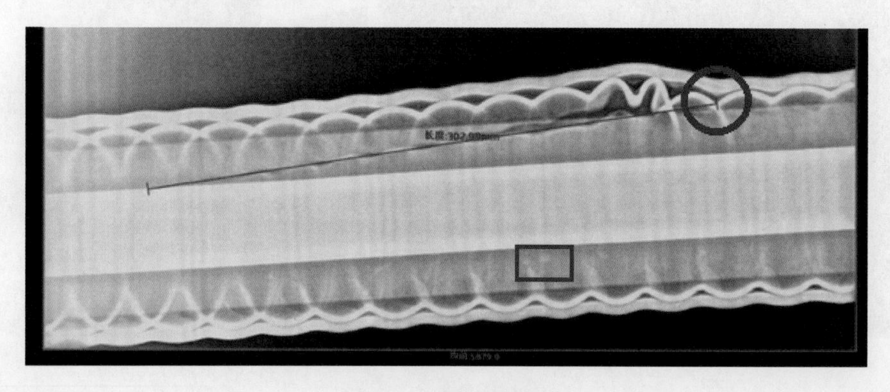

图 149 缺陷示例图

132 X射线检测技术在高压电缆状态综合检测中的作用是什么?

X射线强大的穿透力、良好的电离作用等优势对在高压电缆状态综合检测的作用十分显著,见表25。

表25 X射线检测技术的作用

优势	说　明	作用
强大的穿透力	X射线的波长相对较短且能量较高,在照射材料的过程中,只有一部分材料会被该材料吸收,大部分会穿透原子之间的间隙,具有很强的穿透能力	能够有效地对电缆内部缺陷进行检测
良好的电离作用	X射线照射物质时,可以构造一种通过核外电子偏离原始电子产生轨道来测量电荷的方法	实现故障检测的目的
具较短的波长	X射线的波长短,人很难用肉眼看到,但是当用某种化合物照射时,会发生某种荧光反应。因此,在电缆结构故障检测的现阶段,相关人员可以通过X射线的这个优势来确定检测方法	提高故障检测的及时性

133 高压电缆X射线检测技术的现场测试流程是怎样的?

X射线检测流程如图150所示。

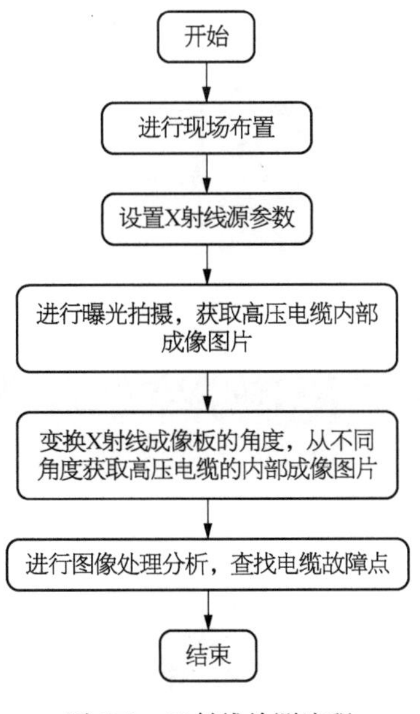

图150 X射线检测流程

134 高压电缆X射线检测技术的现场应用注意事项有哪些?

(1) 被测电缆须停电,且如果是共沟电缆,需将其他运行中的电缆陪同停电。

(2) 检测适用于电缆层或电缆敷设的管廊内。

(3) 应划定安全区域。为了准确定位图像的检测位置或缺陷位置,宜在被测电缆采用准确的图示或标记记录检测位置。

(4) 测试前需按照射线机的使用手册要求进行训机。

(5) 进行测试时,禁止人员位于射线机前方范围内,射线机附近设置警示牌或围栏。

135 高压电缆X射线检测技术的现场实测应用

进行某电力电缆故障分析时,通过X射线检测结果,可以对被测电缆铅封、线芯及结构变化程度进行分析,及时判断出故障原因,并获取故障发生的位置和方位,检测过程如图151所示。结果显示:电缆本体皱纹铝护套破损并褶皱凸起,长度约185.1 mm;存在水汽渗入烧蚀风险。

(a) 布置图像

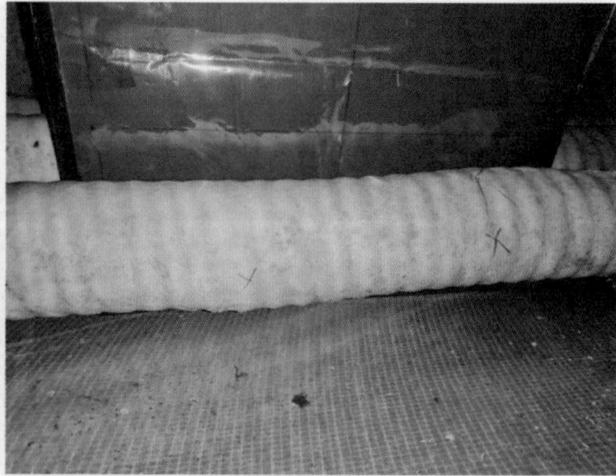

(b) 工件图像

(c) DR原图像

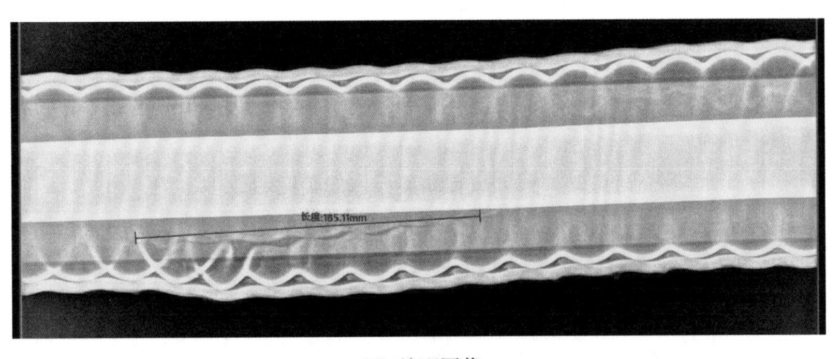

(d) 处理图像

图 151 X射线检测过程

第五节 · 紫外成像检测技术

136 紫外成像检测技术的基本原理是什么?

紫外成像检测技术的基本原理是:紫外相机接收高压设备放电时产生的紫外辐射,经处理后与可见光影像重叠并显示在仪器的屏幕上,从而确定电晕的位置和强度,它为进一步评估设备的运行情况提供了可靠的依据。如图 152 所示。

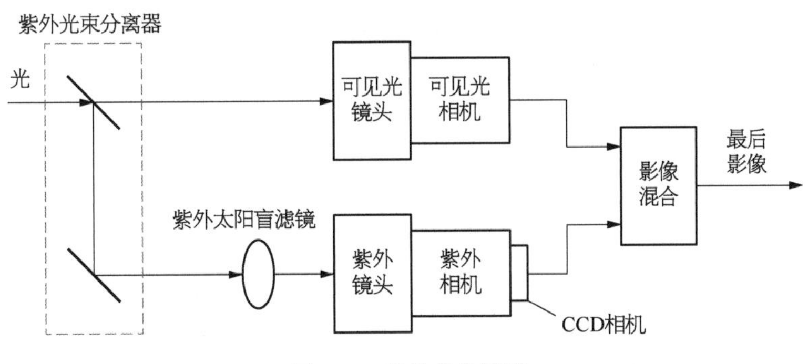

图 152 紫外成像原理

137 紫外成像检测技术的关键参数有哪些?

关键参数见表 26。

表 26 紫外成像检测技术的关键参数

关键参数	说明	调整或建议值
增益	增益大小会影响对紫外线的灵敏度和紫外线斑点显示的大小及数量,增加增益可使电晕显而易见,减少增益可精确查找电晕精确位置	开始测试时,推荐增益为 90 或 100,如果电晕图像过大,请调低增益至 70,以获取最佳效果的图像
影响紫外检测的灵敏度	由最小紫外光灵敏度、最小紫外放电灵敏度、紫外检测波长范围三个因素组成	最小紫外光灵敏度(2.2×10^{-18} watt/cm^2)、最小紫外放电灵敏度[1.0 pC(10 m 处)]、紫外检测波长范围(240～280 nm 窄波段)
视场角	视场角大小直接影响拍摄物体范围,视场角越大能够拍摄的物体越大	5°×3.75°,适合于远距离测试。结合较高灵敏度,测试距离达 1 000 m

138 紫外成像检测技术的影响因素有哪些?

(1) 大气湿度和大气气压:大气湿度和大气气压对电气设备的电晕放电有影响。

(2) 检测距离:紫外光检测电晕放电量的结果与检测距离呈指数衰减关系。

139 紫外成像检测技术在高压电缆状态综合检测中的作用是什么?

紫外成像仪使用紫外光成像技术,人员可以直观形象地观察到电缆及电缆附件发生的放电情况;通过观察电缆终端电晕产生的位置、形状、强度等,使得现场人员能迅速准确地定位放电点的位置(图 153),并可通过数码技术来记录动态和静态图像,准确地判断运行设备的健康程度。

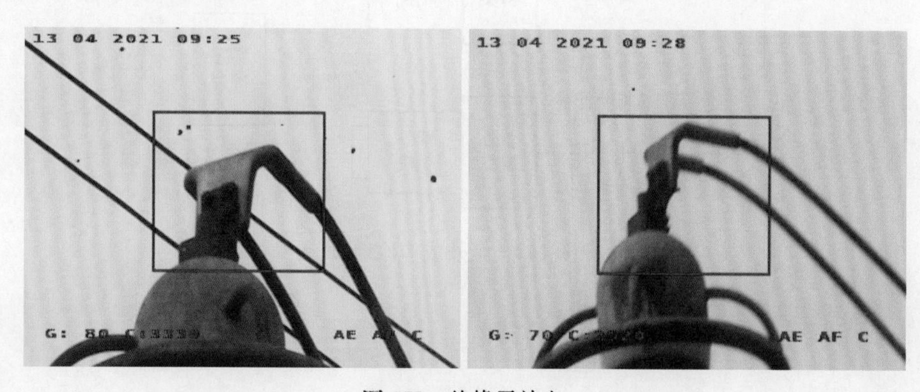

图 153 绝缘子放电

140 高压电缆紫外成像检测设备的操作注意事项有哪些?

高压电缆紫外成像仪如图 154 所示,现场操作时应注意几点:

(1) 电晕放电强度:紫外成像仪单位时间内检测光子数与电气设备电晕放电量具有一致的变化趋势和统计规律,随着电晕放电逐渐强烈,单位时间内的光子数随之增加并出现饱和现象,若出现饱和则要在降低其增益后再检测。

(2) 电晕放电形态和频度:电气设备电晕放电从连续稳定形态向刷状放电过渡,刷状放电呈间歇性爆发形态。

(3) 电晕放电长度范围:紫外成像仪在最大增益下观测到短接绝缘子干弧距离的电晕放电长度。

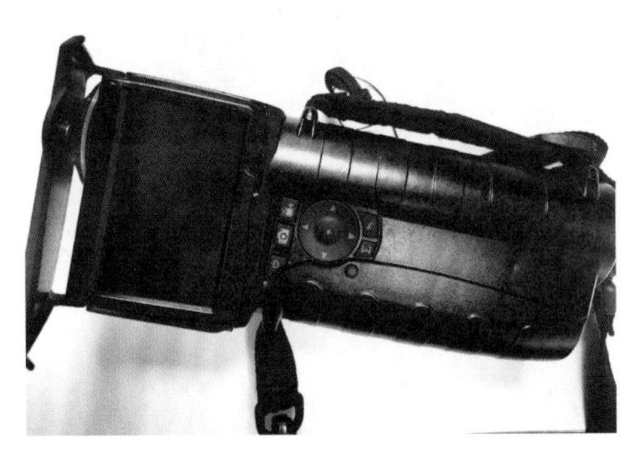

图 154 紫外成像仪

141 高压电缆紫外成像检测技术的现场实测应用

紫外成像现场应用场景如图 155 所示。

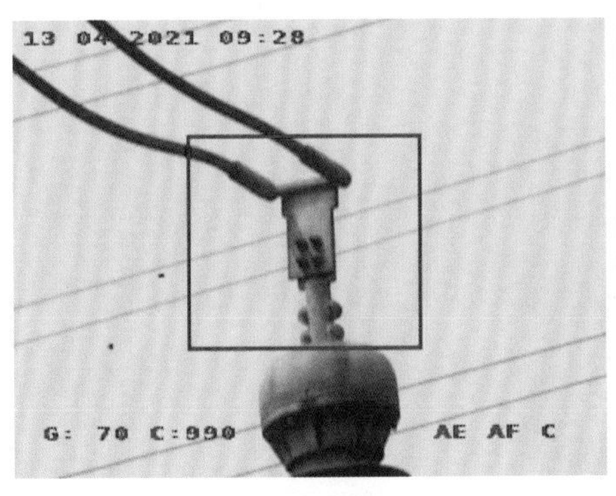

(a) 高压电缆终端紫外成像

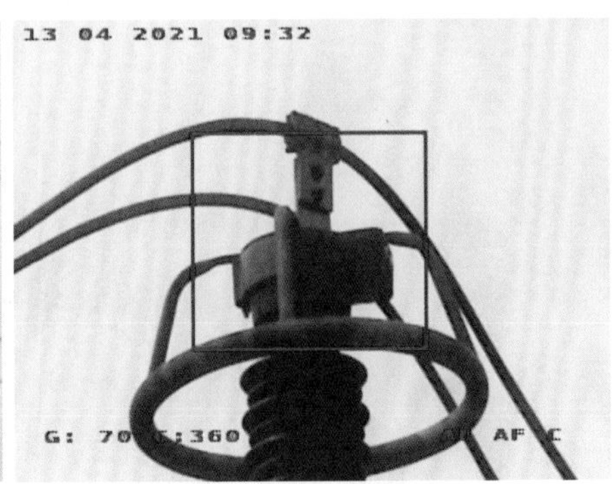

(b) 高压电缆均压环紫外成像

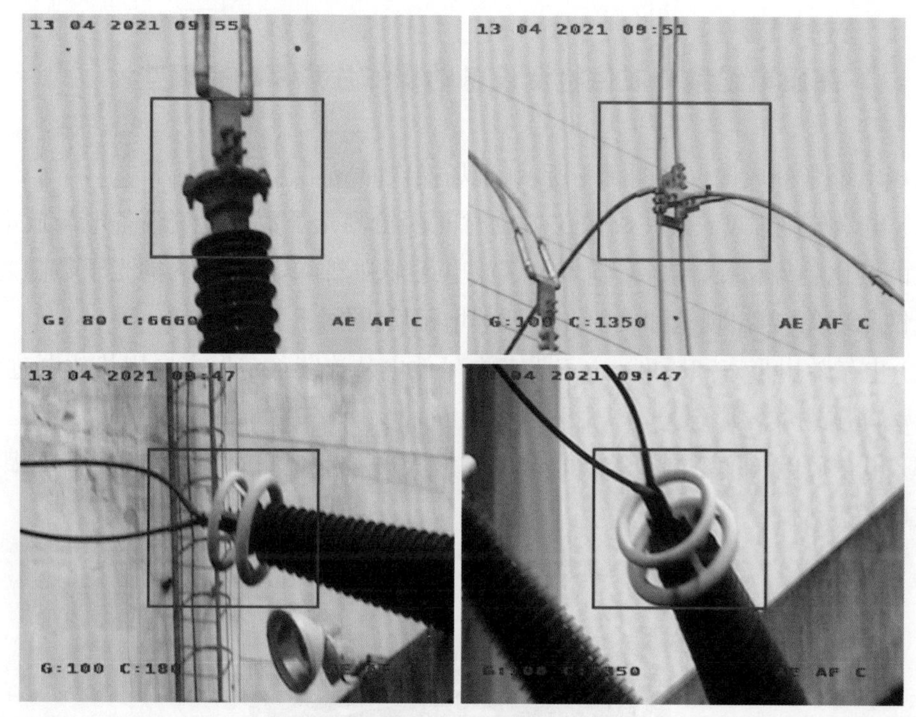

(c) 高压电缆附件位置连接处紫外成像

图 155　紫外成像检测应用场景

第六节 · 声波成像检测技术

142 声波成像检测技术的基本原理是什么？

声波成像检测技术是利用传声器阵列测量一定范围内的声场分布并用云图方式显示出直观图像的一种技术，可用于测量物体发出声音的位置和辐射的状态，如图 156 所示。

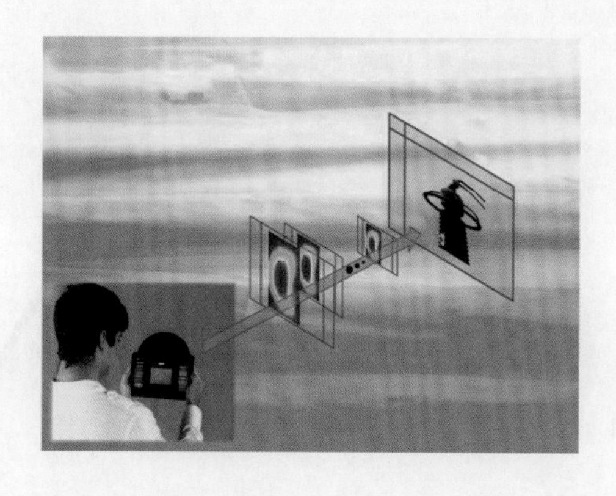

图 156　声波成像检测

143 声波成像检测技术的关键参数有哪些?

声波成像检测技术的关键参数见表 27。

表 27　声波成像检测技术的关键参数

关键参数	参数说明	建议范围
图像分辨率	设备图像的分辨率决定被测物体清晰程度,分辨率越高,细节越清晰,对缺陷部位的定位和分析越有帮助	建议分辨率 800×480 以上
传声器类型	推荐类型为数字 MEMS 麦克风,MEMS 麦克风具有高抗噪性和简化电路设计的优点,适用于多麦克风阵列以消除回音和杂讯,以及波束形成以实现定向灵敏度,做到缺陷位置的精准定位	—
频率范围	频率范围对于电力检测的设备来说比较普遍,但是对声波成像检测在振动检测上的应用来说,频率波段的选择非常重要	建议频率范围 2～31 kHz
软件技术	声波成像单一的拍摄功能已经不能满足现在电力检修的工作要求,软件协助分析能够大大提高检修的准确性,以免发生误判	建议软件能够具备多种声源分析模式,如瞬时模式、完整模式及过滤模式等

144 声波成像检测技术在高压电缆状态综合检测中的作用是什么?

声波成像检测技术在高压电缆状态综合检测中能发现以振动为声源的所有放电、气体泄漏现象(例如金属连接振动、电晕、六氟化硫泄漏、机械异响等),主要有以下几类。

(1) 局部放电:声波成像检测技术通过对被测物体进行图像采集,一旦发现电晕、悬浮放电、表面放电等现象,即能够直观地显示放电位置,如图 157 所示。

图 157　局部放电图像采集

（2）振动异常：高压电气设备内部如出现异常振动现象，声波成像检测技术清晰地显示出异常振动的位置，如图 158 所示。

图 158　振动异常图像采集

（3）气体泄漏：高压气体绝缘设备如发生气体泄漏情况，利用声波成像检测技术能够看出具体泄露的位置，如图 159 所示。

图 159　气体泄漏图像采集

第七节 · 门式局部放电监测装置

145 门式局部放电监测装置在高压电缆状态检测中的作用是什么？

上海地区电缆化率高，目前高压电缆的排管敷设率达 90％以上，且采用金属护套交叉互联接地方式，换位箱一般安装于地面上。长期以来，还没有一种设备能对高压电缆进行多点同步移动式局部放电检测。经研制设计，一种门式局部放电监测装置能够突破上述技术瓶颈，如图 160 所示。

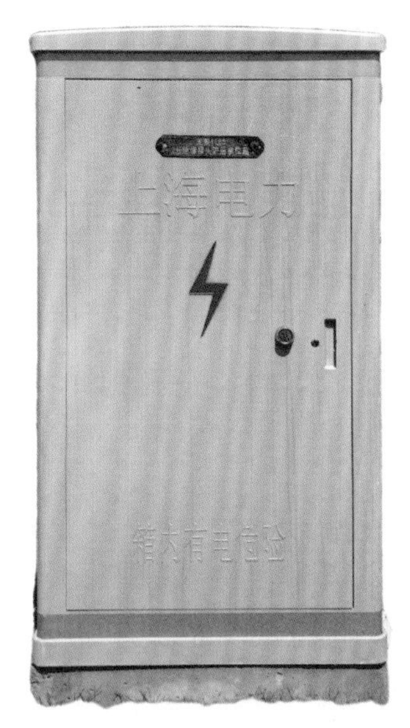

图 160　使用门式局部放电监测装置的交叉互联换位箱前(左)后(右)对比图

146 > 门式局部放电监测装置由哪几部分组成？

如图 161 所示。

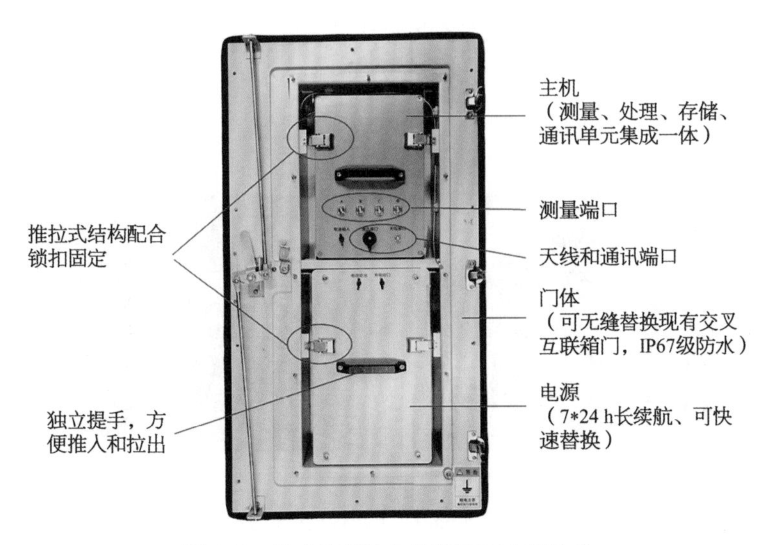

图 161　门式局部放电监测装置内部结构

147 门式局部放电监测装置在高压电缆现场是如何应用的?

现场应用示意如图 162 所示。

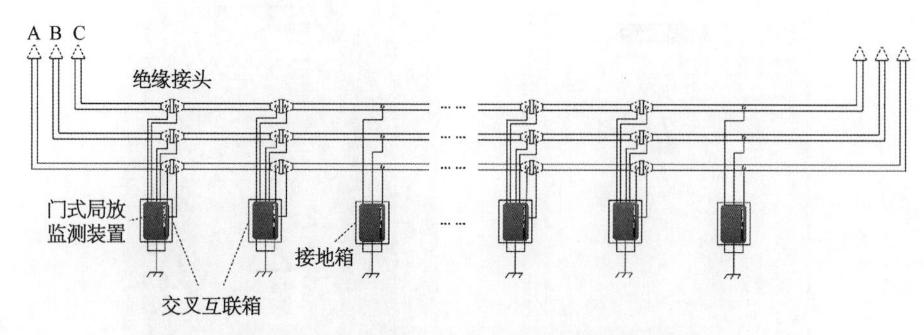

图 162　门式局部放电监测装置现场应用示意图

(1) 注意事项：确保设备电池处于满电状态;将电池与主机连接听见嘀一声,表示主机正常启动;检查天线,数据线外观良好,无断线损坏;更换柔性相位传感器电池,确保电池处于满电状态。

(2) 现场安装(图 163)：核对换位箱铭牌,确认与工作票上一致;打开换位箱门,戴绝缘手套使用钳形电流表测接地电流,确认接地电流在安全范围内方可进行监测;戴绝缘手套,使用有绝缘柄的工具将原换位箱门拆下;连接设备电源与主机,天线,数据线,相位传感器;戴绝缘手套将电容臂连接交叉互联箱的接地排上,确认接触良好;远程登录确认数据已正确上传;关上箱门,确认锁扣都已处于锁上状态。

(3) 后期及维护：根据后台电源管理系统提示,可更换电池延长测试时间;根据后台接受的数据,对线路进行局部放电分析,若检测到疑似局部放电信号,及时到现场进一步确认,并采取相应的措施。

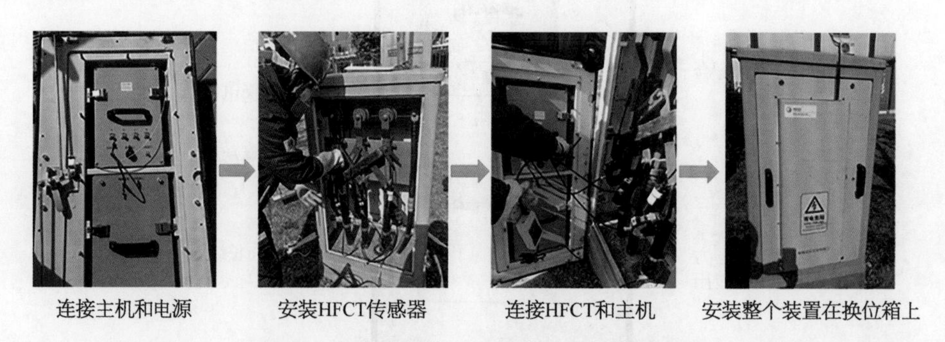

图 163　门式局部放电监测装置现场安装步骤

第八节 · 基于极坐标矢量域分析的高压电缆局部放电检测

148 极坐标矢量域分析的基本原理是什么?

极坐标矢量域分析是将坐标轴的信号通过软件的处理转换成极坐标的信号显示出来,如图 164 所示。这是一种在分散环境中定位脉冲信号的方法,是从两个非同步传感器配置中定位局部放电信号的创新方法。

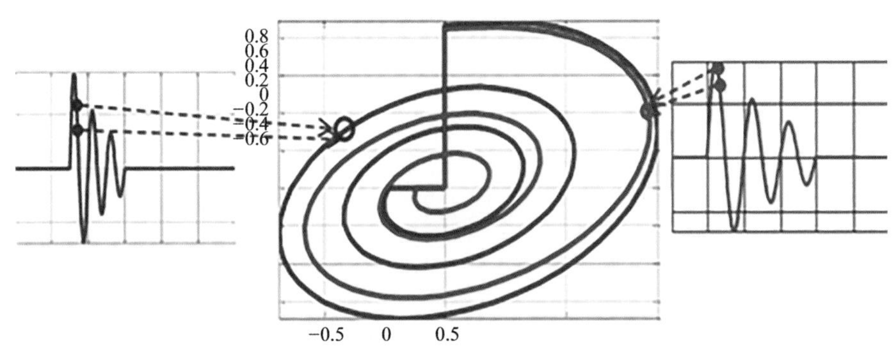

图 164 极坐标矢量域分析示意图

149 基于极坐标矢量域分析的典型信号图谱是怎么样的?

高压电缆中的局部放电、开关信号、电弧、不同负载产生的信号、通信信号(电力通信),电磁力或机械干扰,阻抗变化等信号的时域图谱如图 165 所示。

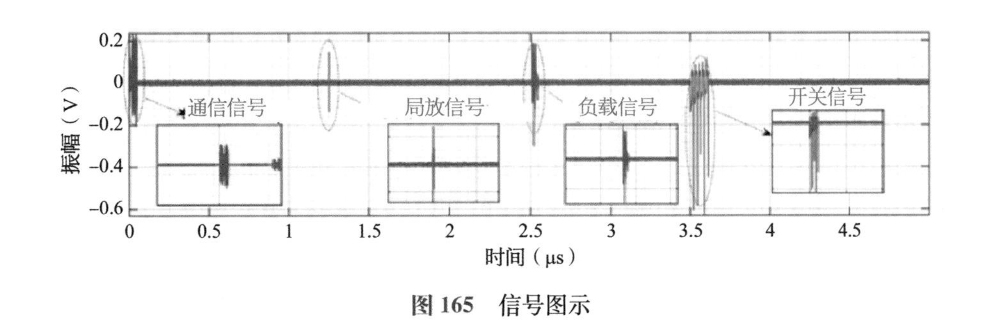

图 165 信号图示

虽然这些信号在时间上的形状及其频谱不允许对信号类型进行任何区分,但基于极坐标矢量域分析清楚地提供了通过不同模式对它们进行分类的可能性，如图 166 所示。

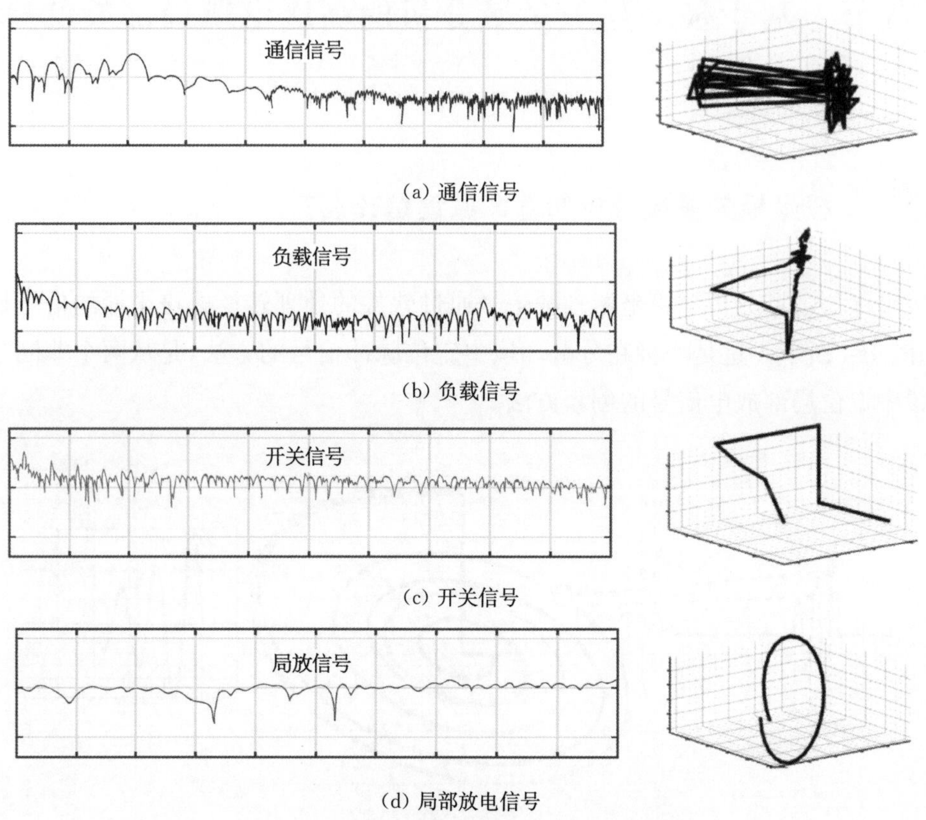

(a) 通信信号

(b) 负载信号

(c) 开关信号

(d) 局部放电信号

图 166　基于极坐标矢量域分析的典型图谱

150 基于极坐标矢量域分析的高压电缆局部放电现场实测应用

高压电缆如出现局部放电信号，在放电信号相位图上则会呈现出不规则圆形，相对比正常电缆，采集到的信号经过分离分类后，会呈现出不规则的几何类型的信号，如图 167 所示。

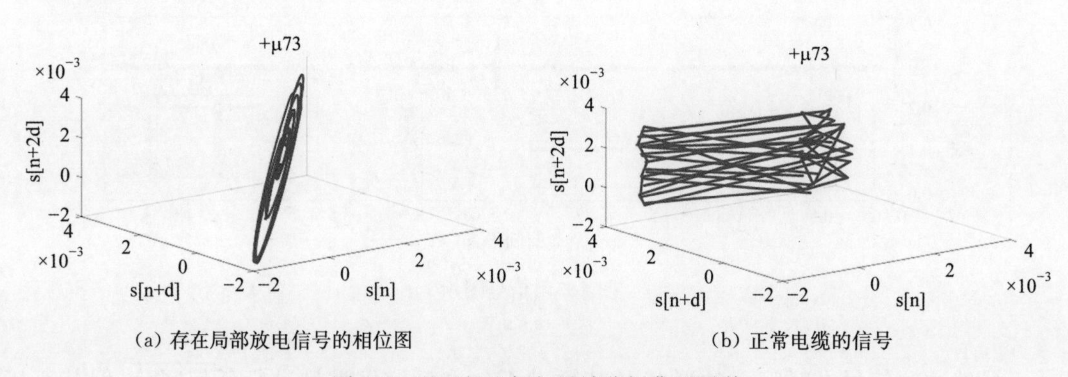

(a) 存在局部放电信号的相位图　　(b) 正常电缆的信号

图 167　基于极坐标矢量域分析典型图谱

第九节 · 超低频介质损耗检测技术

151 超低频介质损耗检测技术的基本原理是什么?

当在电缆上施加电压时,绝缘介质上会产生泄漏电流,这部分电流产生的损耗叫做介质损耗,简称介损。电缆属于容性电路,为了分析介损的原理,把电缆简化为电阻 R 和电容 C 并联的等效电路,如图 168 所示。当外加电压 U 时,等效电路中各电压、电流的相量关系如图 169 所示。电流 I 超前于电压 U 的角度 φ 即为功率因数角,其余角 δ 即为介质损耗角。泄漏电流 I_R、容性电流 I_C 与电压 U 的关系见下式,其中 $\omega=2\pi f$ 为电源的角频率:

$$\begin{cases} I_R = U/R \\ I_C = \omega CU \end{cases}$$

结合容性电流 I_C 与泄漏电流 I_R 的关系以及上式,可以得到介质损耗角的正切值与电缆等效电路各参数的关系如下式所示:

$$\tan\delta = \frac{I_R}{I_C} = \frac{1}{\omega CR}$$

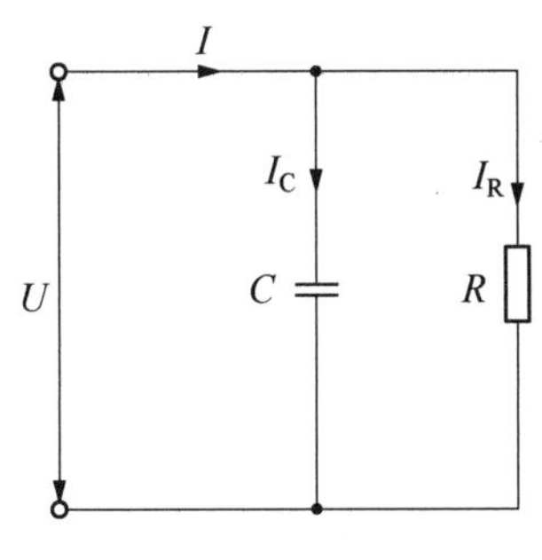

图 168 电缆等效电路

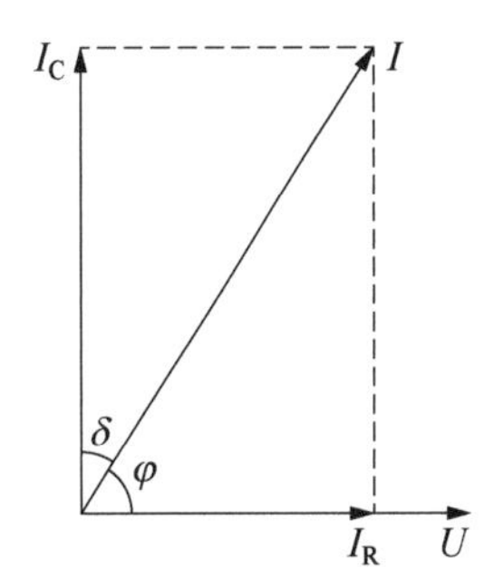

图 169 电缆电压和电流的相量关系

如图 169 所示,电缆电压和电流的相量关系图缆电容与其结构有关,由式(2)可知,当电缆结构和外加电压频率确定后,介损值就反映了绝缘水平的好坏。

152 超低频介质损耗检测技术的作用是什么？

基于 0.1 Hz 的超低频介损检测是分析电缆受潮、老化水平的一种有效手段。随着电缆运行年限的增加，介损检测不合格的电缆占比逐步升高，开展介损检测，能够更加精准地对老化电缆进行排查，并制定相应的检修计划。目前该技术在高压电缆中的应用尚处于摸索阶段，在中低压电缆已被广泛应用并取得了良好的成效。

153 超低频介质损耗检测现场是如何布置的？

现场布置接线如图 170 所示。

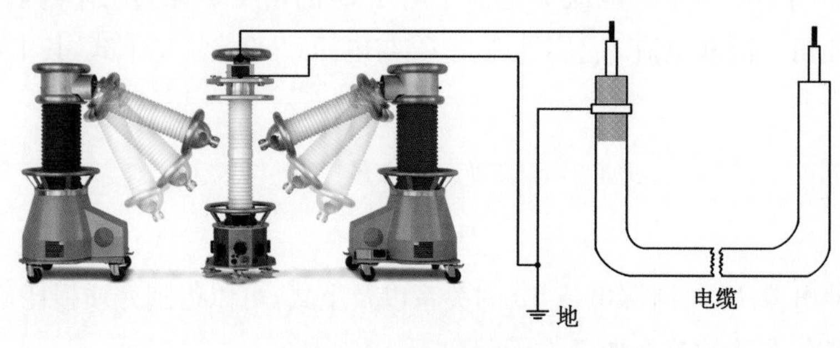

图 170　现场接线图

154 超低频介质损耗检测技术的影响因素有哪些？

高压电缆超低频介损检测受各种各样电缆系统元件影响，例如电缆附件、电缆本体绝缘、电缆屏蔽层锈蚀，包括电缆已投运时间、电缆终端的污秽、潮气的侵入的影响。

155 超低频介质损耗检测技术的评判标准是什么？

目前，国内外广泛应用 0.1 Hz 电源给高压电缆分别施加 0.5、1.0 和 1.5 倍的额定相电压 U_0，在每个电压等级下多次测量介损值，求得平均值和标准差。用相应的三个指标对电缆介损水平进行评判，这三个指标分别是 $1.0U_0$ 下介损值标准偏差、$1.5U_0$ 与 $0.5U_0$ 下介损平均值之差和 $1.0U_0$ 下介损平均值。根据三个指标设置了健康级、关注级和检修级三个差别，只有电缆每一项的三个指标均合格才能视为被测电缆介损水平良好，否则取最坏指标所在的级别作为评判结论。见表 28。

表 28　高压电缆超低频介质损耗检测的评判标准

电缆绝缘层老化状态评价分级	$1.0U_0$ 下介质损耗值标准偏差（$\times10^{-3}$）	关系	$1.5U_0$ 与 $0.5U_0$ 下介质损耗均值之差（$\times10^{-3}$）	关系	$1.0U_0$ 下介质损耗均值（$\times10^{-3}$）
健康级设备，无需采取检修行动	＜0.1	与	＜5	与	＜4
关注级设备，建议进一步测试	0.1～0.5	或	5～80	或	4～50
检修级设备，需要采取检修行动	＞0.5	或	＞80	或	＞50

第七章

高压电缆状态评估体系

156 什么是电缆状态？一般分为几类？

电缆状态是指对电缆设备当前各种技术性能综合评价结果的体现。设备状态分为正常状态、注意状态、异常状态和严重状态四种类型。

正常状态：表示设备各状态量处于稳定且在规程规定的注意值、警示值等（以下简称标准限值）以内，可以正常运行。

注意状态：设备的单项（或多项）状态量变化趋势朝接近标准限值方向发展但未超过标准限值，或部分一般状态量超过标准限值但仍可以继续运行，应加强运行中的监视。

异常状态：单项重要状态量变化较大，已接近或略微超过标准限值，应监视运行，并适时安排检修。

严重状态：单项重要状态量严重超过标准限值，需要尽快安排检修。

157 什么是电缆状态量？

电缆状态量是指直接或间接表征设备状态的各类信息，如数据、声音、图像、现象等。通常将状态量分为一般状态量和重要状态量。一般状态量是指对设备的性能和安全运行影响相对较小的状态量；重要状态量是指对设备的性能和安全运行有较大影响的状态量。

在指标体系中又可以分为绝对量指标和相对量指标。绝对量指标是设备运行环境、安装敷设等原始资料、运行条规中不可改变的评价量；相对量指标是指可以通过各类技术手段检测判断电缆整体状态的评价量。

构成状态量的一般资料有：原始资料、运行资料、检修资料、其他资料。

原始资料：主要包括铭牌参数、型式试验报告、订货技术协议、设备监造报告、出厂试验报告、运输安装记录、交接试验报告、交接验收资料、安装使用说明书等。

运行资料：主要包括设备运行工况记录信息、历年缺陷及异常记录、巡检记录、带电检测、在线监测记录等。

检修资料：主要包括检修报告、试验报告、设备技改及主要部件更换情况等信息。

其他资料：主要包括同型（同类）设备的异常、缺陷和故障的情况、设备运行环境变化、相关反措执行情况、其他影响电缆线路安全稳定运行的因素等信息。

158 什么是高压电缆状态评估体系？

高压电缆状态评估体系是指：对高压电缆全寿命周期内的各项表征状态量进行评价，通过对高压电缆的材料特性及其运行环境下多个相互联系的指标所构成的具有内在关联的模型进行统计评估，以实现对高压电缆的差异化运维管理的目的，是高压电缆规划、设计、安装、试验、运行等方面的质量和管理水平的综合体现。

159 为什么要对高压电缆进行状态评估？

状态评估是为了进一步提升电缆运检水平，借鉴先进的理念和工具，对现有电缆运检管理水平进行评价，寻求提升的空间。

高压电缆状态评估是大质量管理时代下的必然选择，从系统化管理的角度综合评价电缆运维管理全过程，持续推动管理的改善与提升成为提高高压电缆运维管理水平的有效途径。

精益化电缆运检管控的内在需求，是通过量化分析，精准管理电缆管理资源投入；通过流程环节的精简优化，提高核心业务的管控效率；通过管理方式的创新，提高管理质量和产出效率；通过科学的内部管控，实现过程管理的有机衔接等，进一步强化精益化管控水平，满足电缆运检的内在需求。

160 高压电缆状态评估体系是如何建立的？

评估定量指标分为绝对量指标和相对量指标两种，结合电缆运检管理实际，以及国家、行业、企业相关标准要求等各方面的要素，构建评估模型。通过状态模型构建对高压电缆运维状态评价各要素的权重分布、打分要点、打分规则等，提出高压电缆运维的分级判断标准，评估体系由此建立，如图 171 所示。

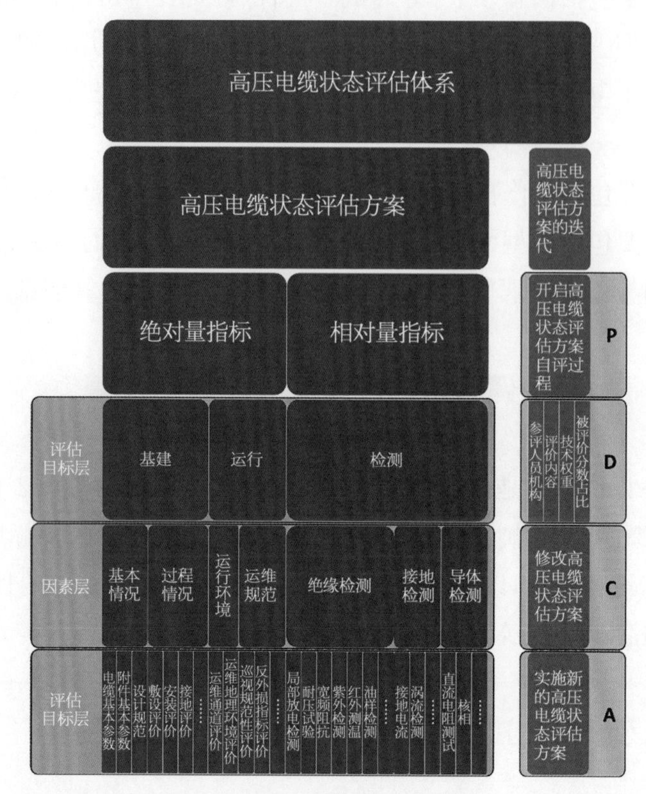

图 171　高压电缆状态评估体系

161 高压电缆状态评估体系是如何应用的?

考虑到各地自然条件、设备状况差异较大,本书中所阐述的状态量的选择、权重配置、劣化程度分级等仅为推荐,各地区可根据当地的实际情况对其进行适当调整,可根据需要增加或减少部分状态量,或调整状态量的权重,也可针对不同电压等级或不同结构的设备设置不同的状态量表,以更好地适应当地高压电缆设备状态评价的实际需要。

电缆线路状态量扣分标准按该状态量不同劣化程度可能对设备安全运行的影响程度确定。电缆线路状态量的变化,特别是相对状态量的变化可能由不同原因引起,不同原因引起的状态量变化可能决定不同的设备状态及不同的检修策略,需进行必要的诊断性试验后再对设备的状态作进一步评价。诊断试验的结果再次计入评价体系,一般基于较高的权重占比。同一个原因可能同时引起不同状态量的变化,使用书中应对状态量的直接变化和间接变化作分析,对直接变化进行扣分而对间接变化酌情处理。

162 状态综合检测的结果在高压电缆状态评估体系中的作用是什么？

高压电缆在其投运初期，当交接试验数据有超过试验标准（不合格）时，一般都会及时处理，除非缺陷一时难以消除且不影响运行时，才会暂时投运。根据对投运后电缆开展的各种试验的检测结果，换算相对应的状态量可以便于运维作业人员直观地了解到电缆的实际状态，通过在电缆运行全寿命过程中相关试验作业状态量的关注和评价并采取有效手段及时跟踪其绝缘、导体、接地的劣化趋势，评估其运行寿命，能够科学合理的减少停电时间，分配检修资源。

163 如何开展高压电缆状态评估体系的修正与提升？

高压电缆状态评估体系应该是一个动态调整不断提高的过程，建立该评估体系时应该考虑到方案的自我评价及自我优化评价部分。该部分独立于高压电缆评价体系之外，但本身属于高压电缆状态评估体系的一部分。通常情况下建议每年或运维管理条件变化时开展对高压电缆状态评估体系的自我评价，设立一个符合运维管理需求的全新评价体系。

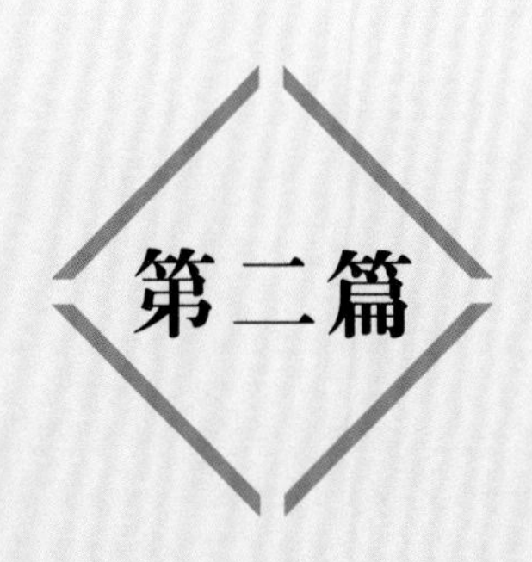

第二篇

应用案例

案例一

红外热像检测发现 110 kV 电缆发热缺陷

(一) 案例经过

在日常巡检中,运用红外热像检测技术手段检测某 110 kV 电缆终端,发现 C 相存在发热现象,随后对该电缆终端进行多次红外热像复测验证,并采用高频局部放电检测技术手段进行辅助检测佐证。经多项技术综合验证后,判断该电缆终端存在异常温升,申请设备停役并进行消缺工作。

停电后,打开终端接头发现终端应力锥(预制件)处表面存在缺陷,缺陷与红外测温预判位置相符。相关消缺作业完成,耐压试验合格后,送电。恢复运行 48 h 后,再次对该电缆终端进行红外热像复测无异常,缺陷消除。

(二) 检测过程及分析

1. 红外测温

巡视当天,现场环境气温 14 ℃、湿度 65%,对某 110 kV 电缆终端进行周期性检测时,发现该电缆终端 C 相存在温度异常,红外热像如图 172 所示。从图中可以看出:终端下部温度 20.6 ℃、上部温度 18.2 ℃,正常相温度 17 ℃。相比正常相,异常相发热温升分别为 3.6 ℃和 1.2 ℃。根据以上数据,得出初步结论:该电缆终端 C 相存在异常。

对该电缆终端安排红外复测,检测时现场环境气温 12 ℃,湿度 60%,多角度红外热像如图 173 所示。从图中可以看出,终端下部温度 15.8 ℃,上部温度 12.9 ℃,正常相温度 12 ℃,相比正常相,发热温升分别为 3.8 ℃和 0.9 ℃,异常依然存在,需申请停电消缺处理。

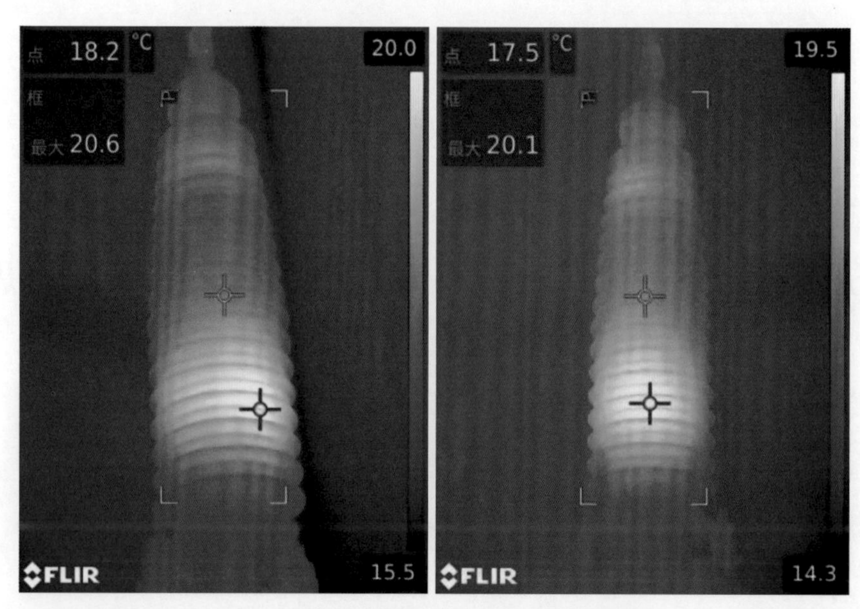

图 172　某 110 kV 电缆终端 C 相红外热像

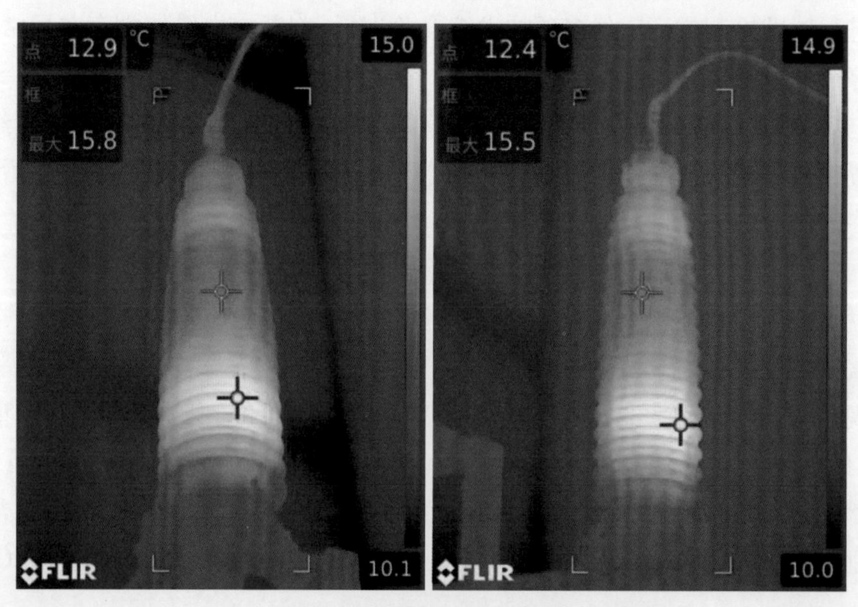

图 173　某 110 kV 电缆终端 C 相复测红外热像

2. 局部放电检测

对该电缆终端进行局部放电检测，图谱如图 174 所示，可以发现 C 相存在红簇信号，PRPD 图谱呈单极性放电，波形有明显脉冲信号，频率分布在 0～5 MHz 左右，符合尖端放电的特征，与红外测温有电场不均匀导致的电压型温升结论一致。

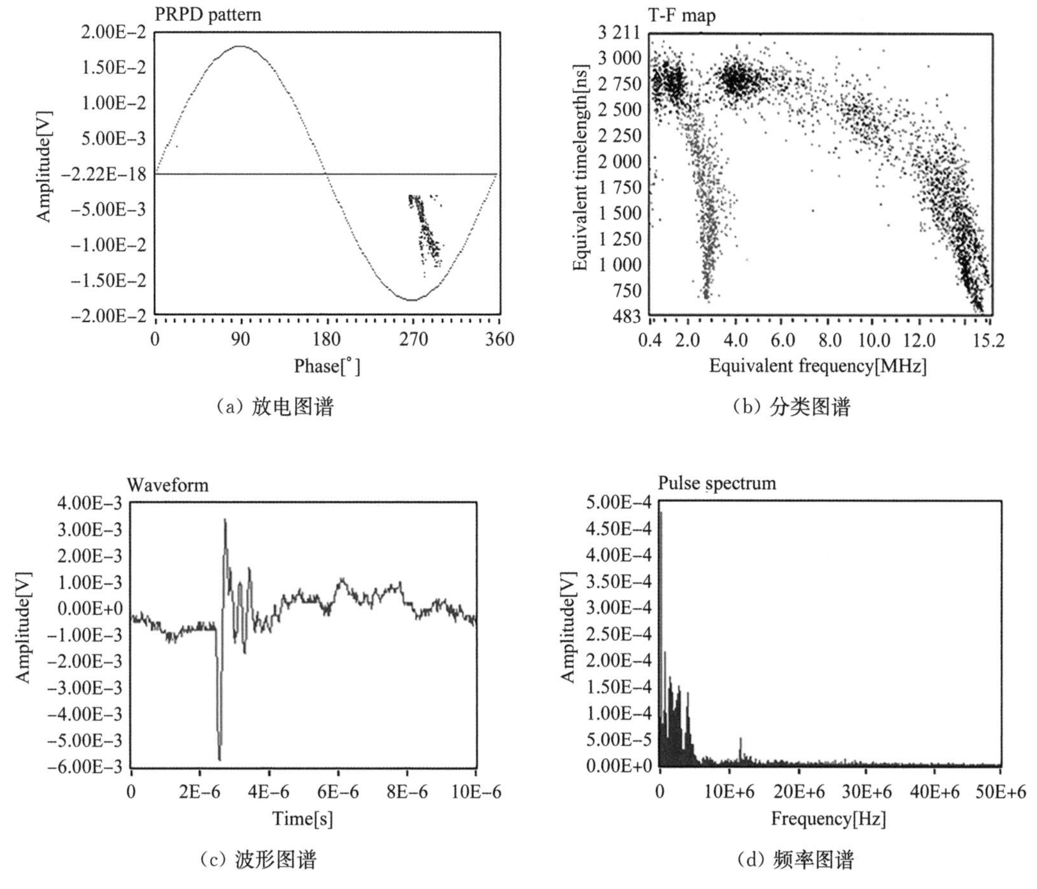

(a) 放电图谱　(b) 分类图谱

(c) 波形图谱　(d) 频率图谱

图 174　某 110 kV 电缆终端局部放电检测图谱(软件出图)

局部放电检测表明终端 C 相有尖端放电,信号比较明显,但幅值不是很大,需红外、局部放电进一步精测,建议做停电处理。

(三) 停电消缺

1. 消缺安排

(1) 检查终端瓷套表面是否存油漆或污渍而导致表面发热。

(2) 如瓷套表面正常,继续进一步打开瓷套检查内部,先取油样,然后由外至内逐步检查,如有必要将更换预制件。现场需搭建脚手架。

(3) 如终端头内部放电现象严重,不排除扩大消缺范围的可能,并有可能重置终端,必要时在电缆消缺毕后,进行 C 相耐压试验。耐压标准每相 128 kV/60 min。

2. 现场检查

打开该电缆终端 C 相接头如图 175 所示,发现:

(1) 在终端应力锥预制件上有一注模浇筑口及其周围有一圈成放射状排列的白色痕迹,其位置及高度与红外检测中所呈现的热像位置基本一致。

(2) 应力锥预制件半导电部分与绝缘部分接口不平整,有缺口。

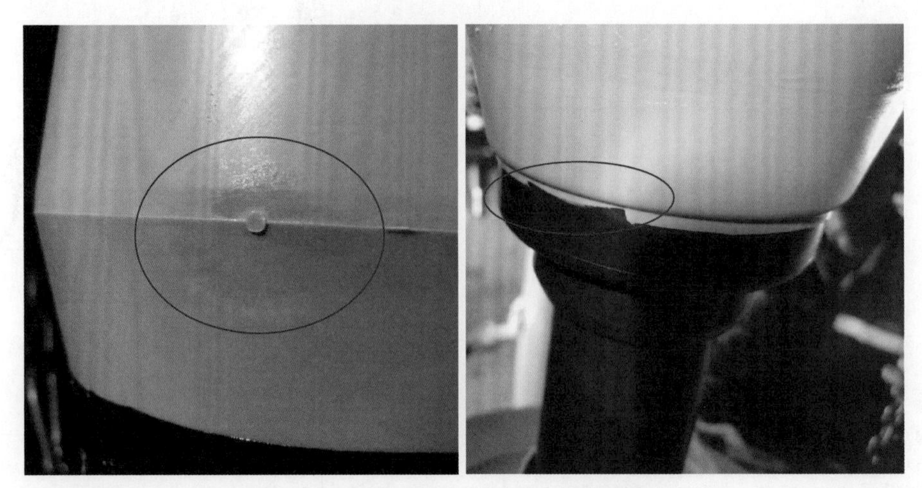

图 175　某 110 kV 电缆终端 C 相消缺前

3. 消缺过程

割除并更换 C 相终端接头应力锥预制件并重新安装终端接头,接头制作完毕后,进行 128 kV/60 min 交流耐压试验,耐压通过,即试验合格。消缺维护工作结束后,汇报调度,送电投运。

(四) 红外复测

该电缆恢复运行 48 h 后,对原缺陷相终端进行红外复测,红外热像如图 176 所示,表明终端设备正常,C 相无异常热像,缺陷已消除。

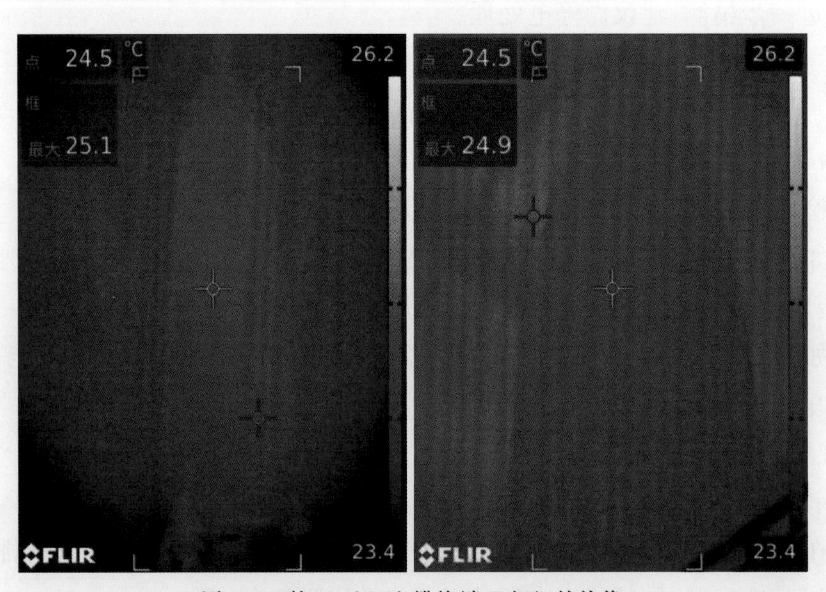

图 176　某 110 kV 电缆终端 C 相红外热像

（五）小结

（1）本案例是应力锥预制件存在问题造成电场不均匀而最终导致的电压型发热缺陷，对使用相同批次预制件的终端进行检测，排查是否存在相同缺陷。

（2）这是采用红外热成像技术发现高压电缆户内终端电压型制热缺陷的典型案例，进一步证明红外热像检测技术手段可发现电缆非 GIS 类终端内部早期制作类缺陷。

（3）案例中对电缆设备进行红外热像检测的同时，采用有较高灵敏度的高频局部放电检测手段进行佐证，可以有效发现设备内部的潜伏性缺陷，更精准地进行缺陷预估。

案例二

红外热像检测发现 110 kV 电缆发热缺陷

（一）案例经过

在日常巡检中，对某 110 kV 电缆采用红外热像检测时，发现该电缆终端 C 相尾管下端有发热现象。随后，对该终端进行多次红外热像复测，判断终端存在异常温升，需申请停役。

停电后，打开电缆终端发现 C 相终端尾管搪铅处有明显缺陷，需要调换三相部分缺陷电缆加三相直线头，重制三相户外终端。接头制作完毕，相关消缺作业完成、耐压试验合格后，汇报调度送电。恢复运行 48 h 后对该电缆进行红外复测无异常，缺陷消除。

（二）检测过程及分析

巡视当天，现场环境气温 14 ℃，湿度 65%，对某 110 kV 电缆终端进行红外热像检测。该电缆 C 相热像如图 177 所示。从图中可以看出：终端 C 相尾管下端温度 25.5 ℃、上部正常温度 14.6 ℃，发热温升为 8.9 ℃。根据以上数据得出初步结论：该电缆终端 C 相存在发热现象。

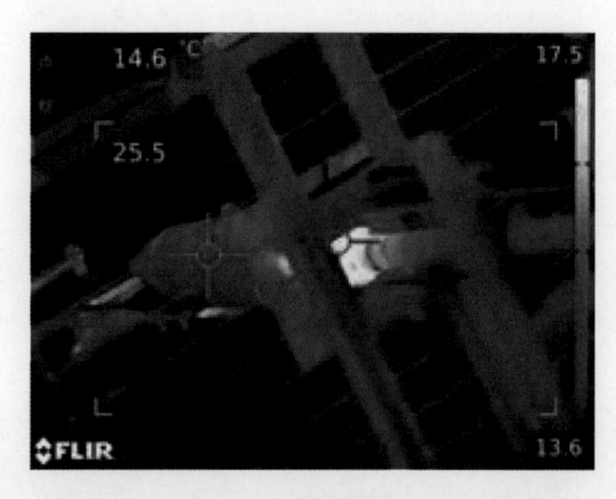

图 177　某 110 kV 电缆终端 C 相红外热像

对该电缆终端安排复测，检测时现场环境气温 16 ℃，湿度 60%，红外热像复测图如图 178 所示。从图中可以看出：终端最高温度 32.1 ℃、正常温度 23 ℃，相比正常相异常相发热温升为 9 ℃，异常依然存在，需申请停电消缺处理。

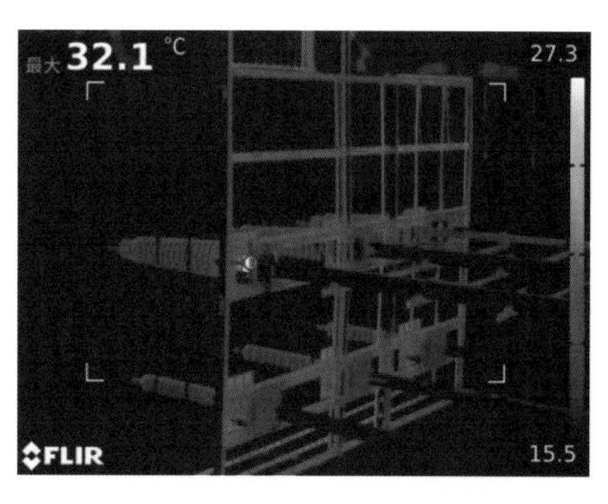

图 178 某 110 kV 电缆终端 C 相复测红外热像

(三) 停电消缺

1. 消缺安排

(1) 根据红外照判断，温升最明显位置在尾管封铅处，可能是终端下部封铅接地部位存在问题。首先用探伤仪对该电缆红相户外终端头搪铅进行探伤，取得数据后剖开搪铅处热缩管检查搪铅是否断裂，如果断裂则将封铅去除，检查内部电缆是否受损，尾管内部是否进潮，无异常后重新封铅。

(2) 其余两相也需进行检查，如发现有铅裂现象一并消缺。

(3) 如终端头内部进潮情况较为严重或缺陷点无法消除，不排除扩大消缺范围的可能，并有可能更换一段电缆，重置终端，增加直线头。必要时在电缆消缺毕后，进行相应相耐压试验，耐压标准每相 128 kV/60 min。

2. 现场检查

打开电缆终端尾管搪铅处如图 179 所示，发现：

(1) C 相户外终端封铅上下端部界限不清，不密封；

(2) 铝包及尾管受腐蚀严重；

(3) 封铅与铝包之间出现许多白色粉末。

图 179 某 110 kV 电缆终端 C 相接头消缺前

3. 消缺过程

发现该缺陷后，调换三相部分缺陷电缆，加三相直线头与重制三相户外终端。接头制作完毕后，进行 128 kV/60 min 交流耐压试验耐压通过，试验合格。电缆消缺维护工作结束汇报调度，恢复送电。

(四) 红外复测

该电缆恢复运行 48 h 后，对原缺陷相终端进行红外热像复测。复测时，现场环境气温 20℃，湿度 60%，热像如图 180 所示：电缆终端设备正常，终端 C 相无异常热像，缺陷消除。

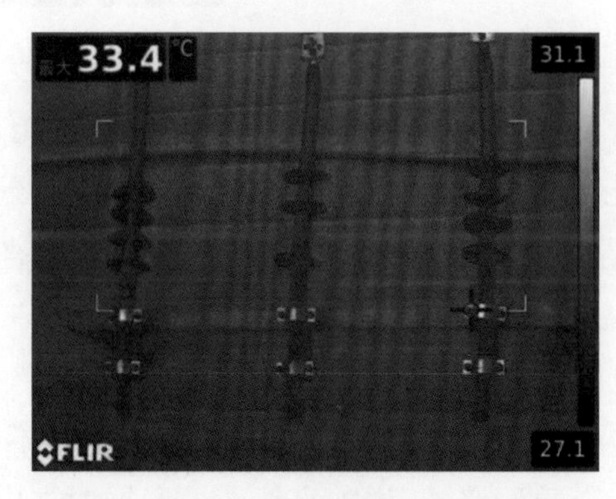

图 180　某 110 kV 电缆终端 C 相红外热像

(五) 小结

(1) 本案例是一起因电缆终端尾管及金属护层腐蚀造成的电缆终端发热缺陷。

(2) 对于运行中的电缆及设备，自然原因或内部部件老化、接触不良、接触点生锈腐蚀等因素均会导致设备不正常的发热现象。

(3) 通过红外测温工作能够及时发现设备存在过热现象，操作简单，检测结果直观，可以直接定位为终端尾管下端存在异常。

案例三

红外热像检测发现 110 kV 某站内 1 号主变侧电缆终端发热缺陷

（一）案例经过

在日常巡检中，运用红外热像检测技术手段检测某站内 1 号主变侧电缆终端，发现 A 相存在发热现象，随后对该电缆终端进行多次红外热像复测验证，并采用高频局部放电检测技术手段进行辅助检测佐证。经多项技术综合验证后，判断该电缆终端存在异常温升，申请设备停役并进行消缺工作。

停电后，打开 A 相终端接头发现：

（1）在电缆终端尾管出有明显放电痕迹；

（2）尾管下方电缆搪铅部位上半部分绝缘热缩管受热变形；

（3）电缆搪铅部位与尾管部分脱落，没有发现等电位线；

（4）电缆应力锥表面无肉眼可见缺陷；

（5）打开应力锥后发现电缆半导电端口部分受热变形。

相关消缺作业完成，耐压试验合格后，送电。恢复运行 48 h 后，再次对该电缆终端进行红外热像复测无异常，缺陷消除。

（二）检测过程及分析

1. 红外测温

巡视当天，现场环境气温 20 ℃、湿度 25%，对某 110 kV 电缆终端进行周期性检测时，发现该电缆终端 A 相存在温度异常，红外热像如图 181 所示。从图中可以看出：终端下部温度 20.6 ℃、上部温度 18.2 ℃，正常相温度 17 ℃。相比正常相，异常相发热温升分别为 3.6 ℃和 1.2 ℃。根据以上数据，得出初步结论：该电缆终端 A 相存在异常。

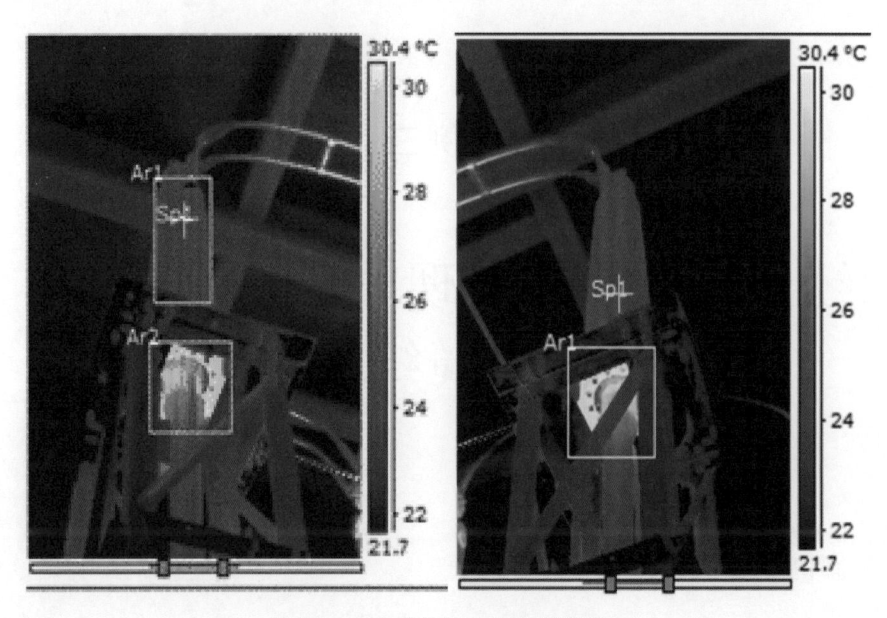

图 181　电缆终端 A 相红外热像

对该电缆终端安排红外复测，检测时现场环境气温 23 ℃，湿度 20%，多角度红外热像如图 182 所示，从图中可以看出，终端下部温度 15.8℃，上部温度 12.9℃，正常相温度 12℃，相比正常相，发热温升分别为 3.8 ℃和 0.9 ℃，异常依然存在，需申请停电消缺处理。

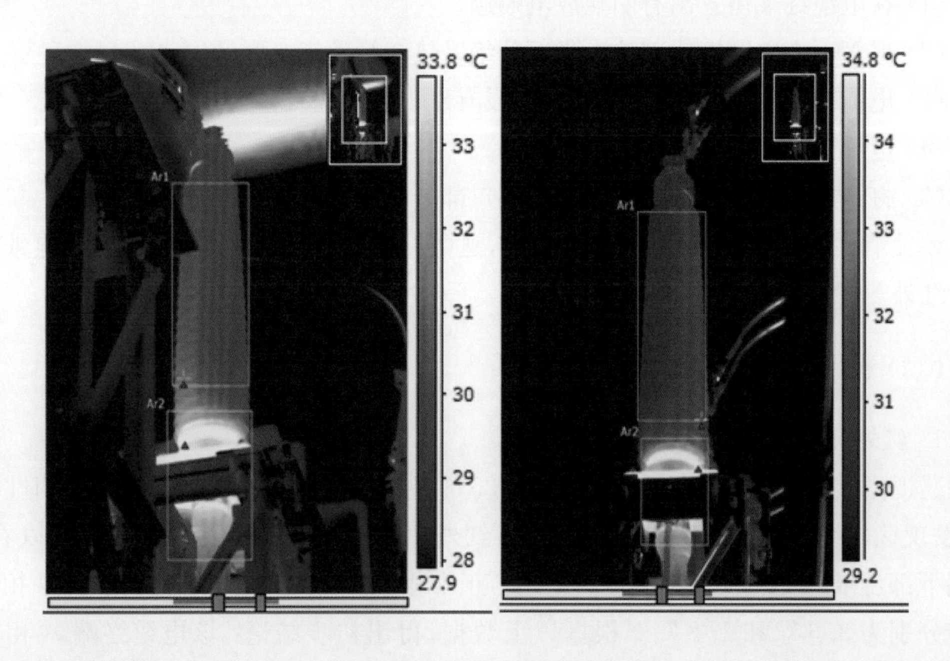

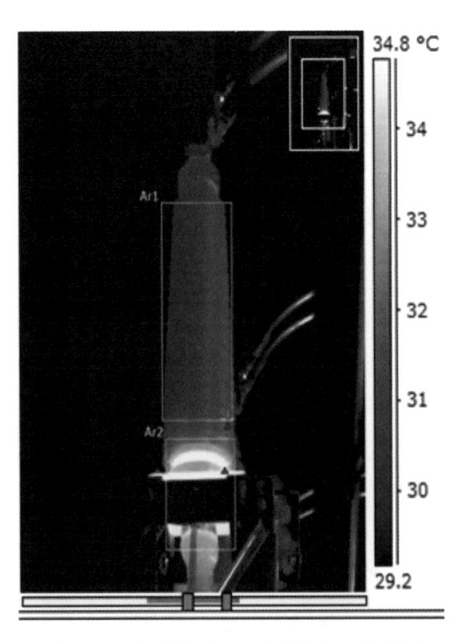

图 182　电缆终端 A 相复测红外热像

2. 局部放电检测

对该电缆终端进行局部放电检测，图谱如图 183 所示，A 相、B 相有类似表面放电局部放电信号，B 相信号较大，认为该信号可能从 B 相传播至 A 相。A、B、C 三相均有类似悬浮放电信号，可能由于接触不良或变压器干扰。

可以发现 A、B、C 相信号基本可以分为两类：两种信号均有 180°相位特征，其中一种信号从 PRPD 图谱上分析与表面放电信号相吻合，B 相信号最大；另一种信号，A、B、C 三相幅值相近，从 PRPD 图谱分析，与悬浮放电信号相吻合，但不排除变压器干扰，建议作停电处理。

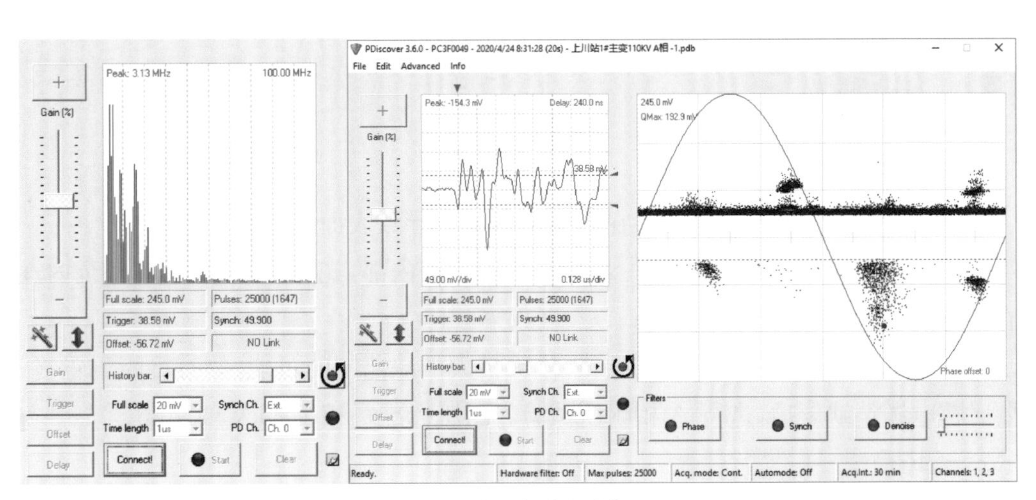

(a) A 相局部放电图谱

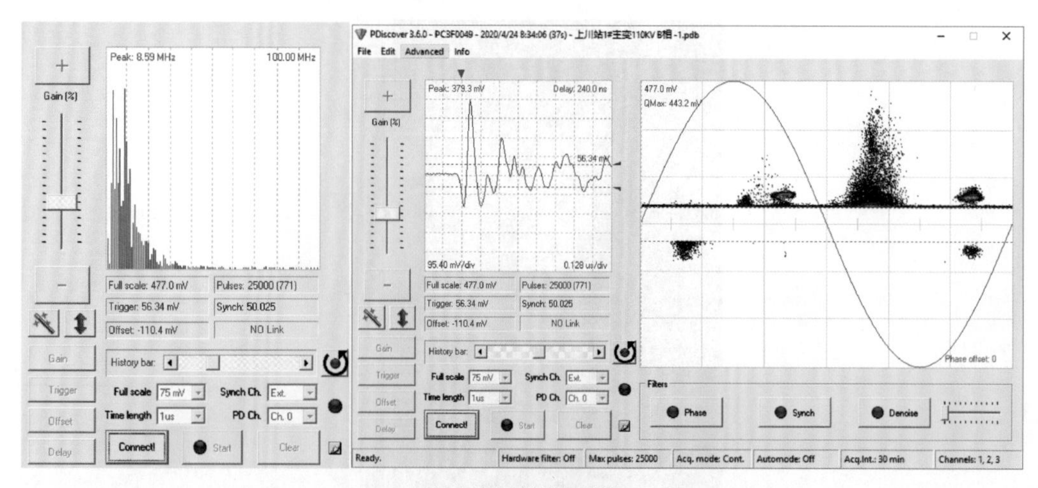

(b) B相局部放电图谱

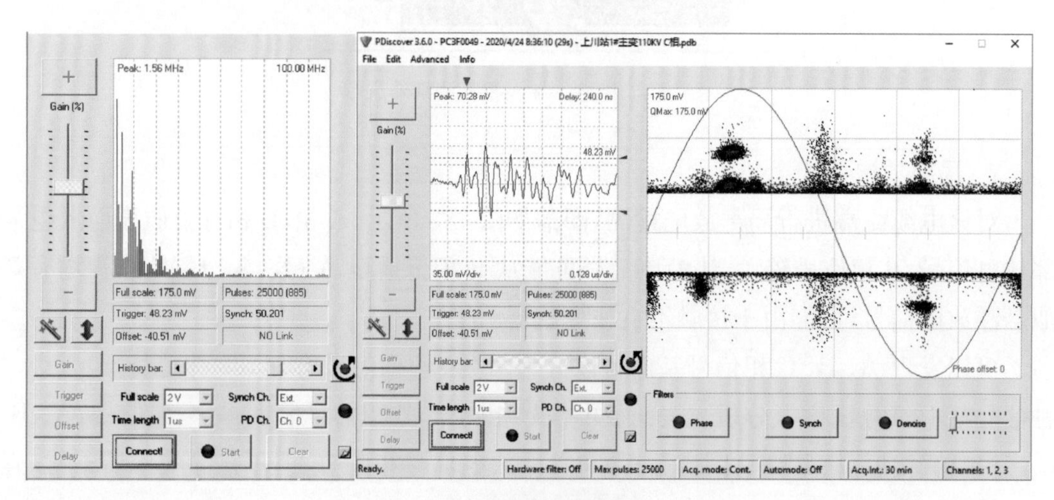

(c) C相局部放电图谱

图183　电缆终端局部放电检测图谱

(三) 停电消缺

1. 消缺安排

(1) 检查终端瓷套表面是否存在有其或污渍而导致表面发热。

(2) 如瓷套表面正常,继续进一步打开瓷套检查内部,先取油样,然后由外至内逐步检查,如有必要将更换预制件。

(3) 如终端头内部放电现象严重,不排除扩大消缺范围的可能,并有可能重置终端,必要时在电缆消缺毕后,进行A相耐压试验。耐压标准每相128 kV/60 min。

2. 现场检查

打开该电缆终端A相接头如图184所示,发现:

(1) 在电缆终端尾管出有明显放电痕迹；

(2) 尾管下方电缆搪铅部位上半部分绝缘热缩管受热变形；

(3) 电缆搪铅部位与尾管部分脱落，没有发现等电位线；

(4) 电缆应力锥表面无肉眼可见缺陷；

(5) 打开应力锥后发现电缆半导电端口部分受热变形。

3. 消缺过程

割除并更换 1 号主变电缆接头应力锥预制件并重新安装终端接头，接头制作完毕后，进行 128 kV/60 min 交流耐压试验，耐压通过，即试验合格。消缺维护工作结束后，汇报调度，送电投运。

图 184　电缆终端 A 相消缺前

(四) 红外复测

该电缆恢复运行 48 h 后，对原缺陷相终端进行红外复测，红外热像如图 185 所示，表明终端设备正常，A 相无异常热像，缺陷已消除。

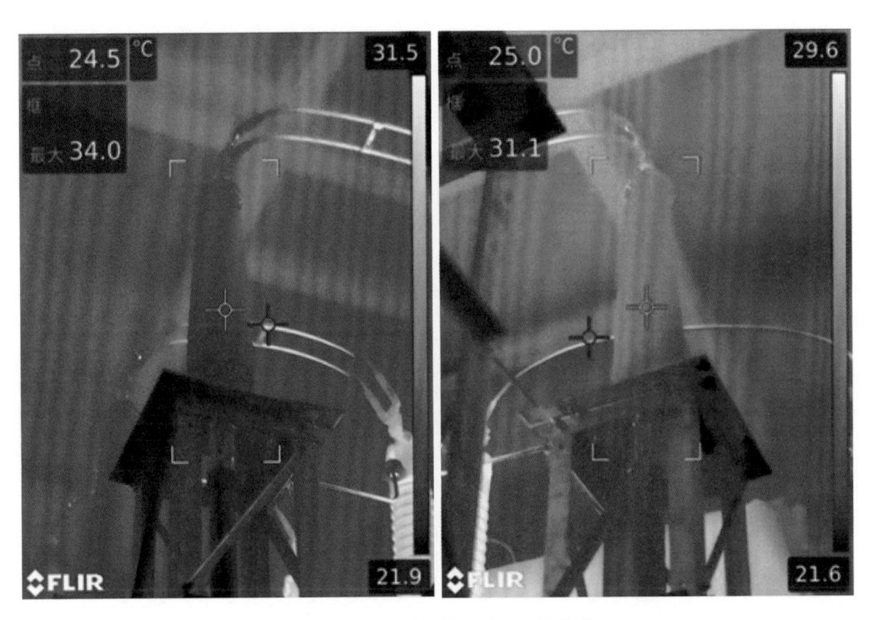

图 185　电缆终端 A 相红外热像

(五) 小结

(1) 该站内 2 号主变 110 kV 电缆主变侧终端 A 相尾管部位发现发热(4 月 23 日该

部位与正常相温差为 1.8℃，5 月 7 日该部位与正常相温差为 3.7℃)，B 相终端发现局部放电信号，计划对该站内 2 号主变 110 kV 电缆主变侧终端安排停电消缺。

(2) 排查同类型终端设备，开展专项状态检测，排除同类缺陷的发生。

(3) 电缆竣工质量验收时，在未检查确认电缆搪铅接地部分时不可进行外绝缘部分热缩。

(4) 可结合主设备停电复役后开展一次电缆状态检测作业，确保电缆安全运行。

案例四

红外热像检测发现某站内 2 号电容器电缆（电容器室）发热缺陷

（一）案例经过

在日常巡检中，运用红外热像检测技术手段检测某站内 2 号电容器电缆(电容器室)，发现 A、B 相存在发热现象，判断该电缆终端存在异常温升，申请设备停役并进行消缺工作。

停电后，将电缆甲组支架连接处断开，发现电缆头表面有明显的毛刺和锈蚀。用砂纸打磨导线和线梗接触面，加垫铜铝过渡片及桩头螺栓，涂导电硅脂后重新连接，相关消缺作业完成，耐压试验合格后，送电。恢复运行 48 h 后，再次对该电缆终端进行红外热像复测无异常，缺陷消除。

（二）检测过程及分析

巡视当天，现场环境气温 32℃、湿度 52%，对某站内 2 号电容器电缆甲组进行周期性检测时，发现该电缆终端 A、B 两相存在温度异常，红外热像如图 186 所示。从图中可以看出：某站内 2 号电容器电缆甲组，A 相最高温度为 50.8℃，B 相最高温度为 50.6℃，疑似缺陷，图 187 为某站内 2 号电容器甲组白光照，申请停电消缺处理。

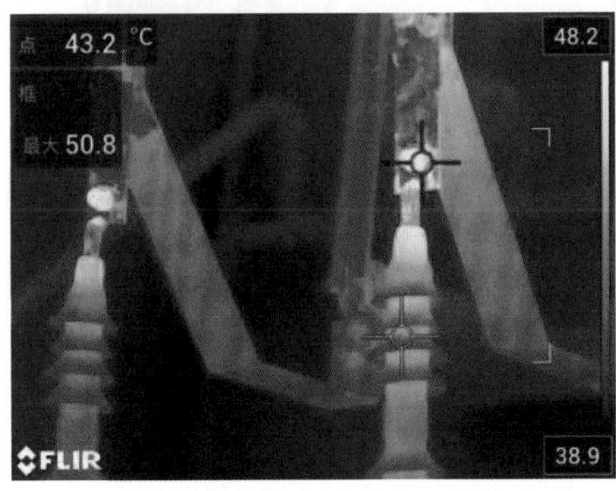

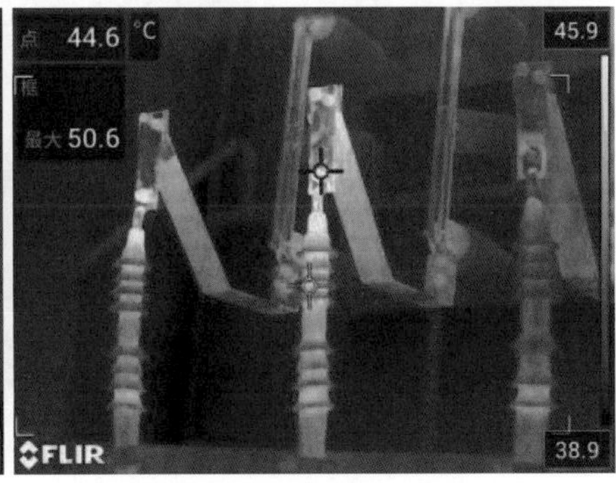

图 186　某站内 2 号主变 110 kV 电缆终端 A、B 两相红外热像

图 187　某站内 2 号电容器甲组白光照

(三) 停电消缺

1. 消缺安排

将某站内 2 号电容器电缆甲组支架连接处断开。检查电缆头表面、设备夹具有无毛刺和锈蚀，用砂纸打磨导线和线梗接触面，加垫铜铝过渡片及桩头螺栓，涂导电硅脂后重新连接。

2. 现场检查

打开该电缆终端 A、B 两相接头如图 188 所示，发现：

(1) 电缆头导线和线梗接触面，设备夹螺栓表面存在锈蚀现象；

(2) 桩头螺栓存在松动现象。

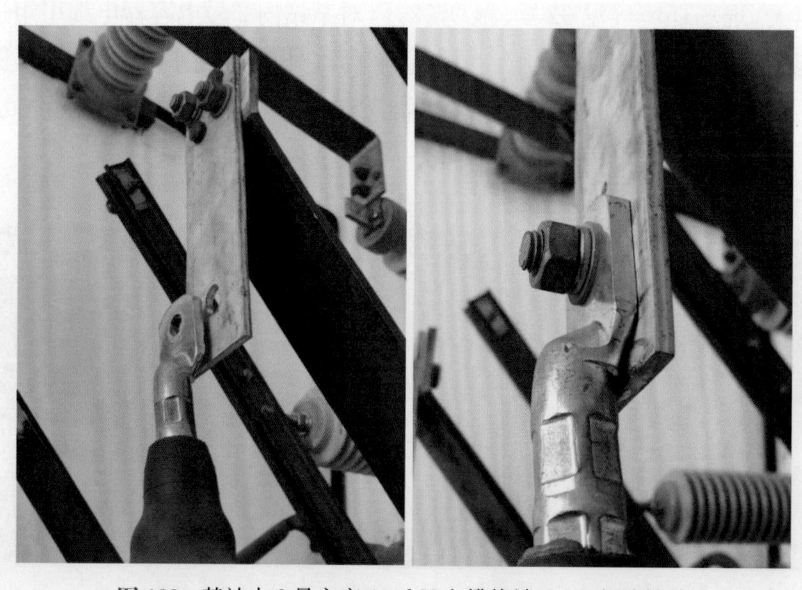

图 188　某站内 2 号主变 110 kV 电缆终端 A、B 相消缺前

3. 消缺过程

按照要求用砂纸打磨导线和线梗接触面,加垫铜铝过渡片及桩头螺栓,涂导电硅脂后重新连接,消缺维护工作结束后,汇报调度,送电投运。图 189 为消缺后 A、B 两相照片。

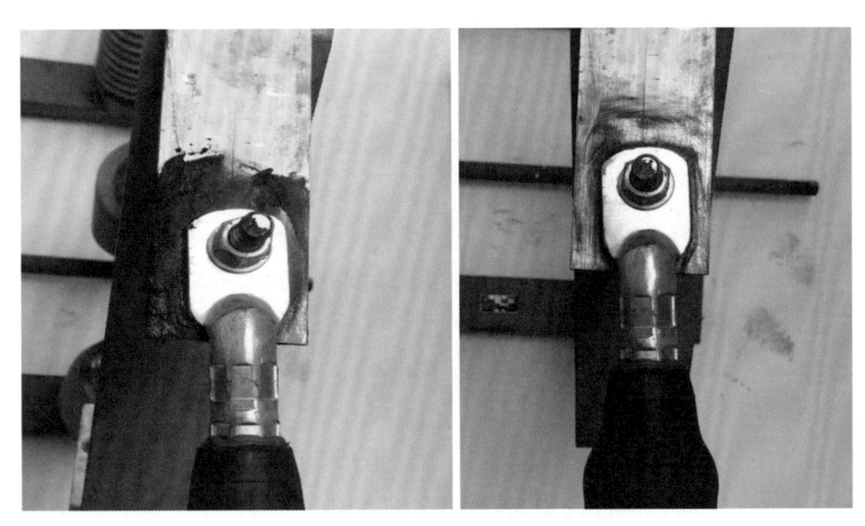

图 189　消缺后 A、B 两相照片

(四) 红外复测

该电缆恢复运行 48 h 后,对原缺陷相终端进行红外复测,红外热像如图 190 所示,表明终端设备正常,A、B 两相无异常热像,图 191 为某站内 2 号主变 110 kV 电缆终端 A、B 两相红外复测白光照,缺陷已消除。

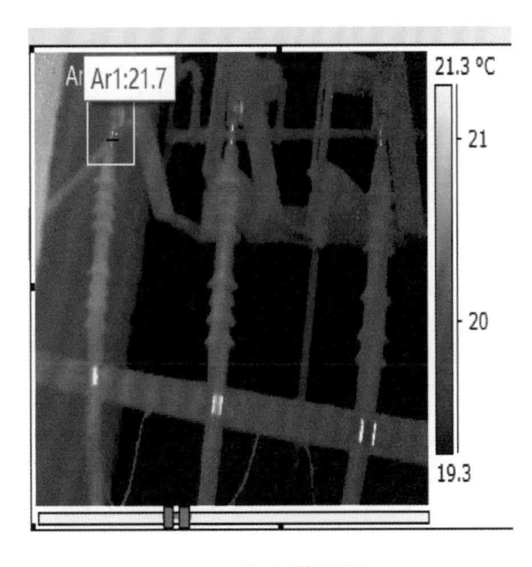

(a) A 相红外测温

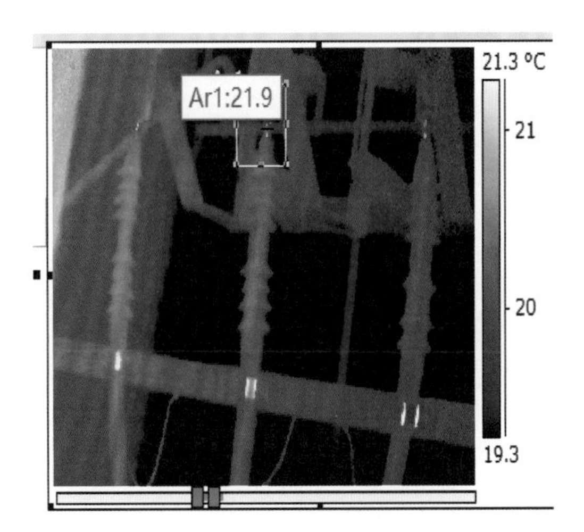

(b) B 相红外测温

图 190　某站内 2 号主变 110 kV 电缆终端 A、B 两相红外热像

图 191　某站内 2 号主变 110 kV 电缆终端 A、B 两相红外复测白光照

(五) 小结

(1) 本案例是一起因电缆头老化、锈蚀问题造成电压型发热缺陷，电缆终端由于运行时间长，容易出现松动和锈蚀现象，致使接触处产生发热，对电缆运行安全产生隐患。

(2) 利用红外热像检查能够有效发现设备过热缺陷，并且可以有效地指导设备检修工作，保障电缆安全运行。

案例五

红外热像检测发现 110 kV 某电缆线路发热缺陷

（一）案例经过

在日常巡检中，运用红外热像检测技术手段检测某 110 kV 电缆终端，发现 A、B、C 三相尾管与接地线连接处发热明显，随后对该电缆终端进行多次红外热像复测验证，并采用高频局部放电检测技术手段进行辅助检测佐证。经多项技术综合验证后，判断该电缆终端存在异常温升，申请设备停役并进行消缺工作。

（二）检测过程及分析

1. 红外测温

巡视当天，现场环境气温 26 ℃、湿度 80%，对某 110 kV 电缆终端进行周期性检测时，发现该电缆终端 A、B、C 三相存在温度异常，红外热像如图 192 所示。从图中可以看出：A、B、C 三相尾管与接地线连接处的温度最高为 35.8 ℃，终端正常温度 29.1 ℃，温升 6.7 ℃，接地线连接处发热明显。

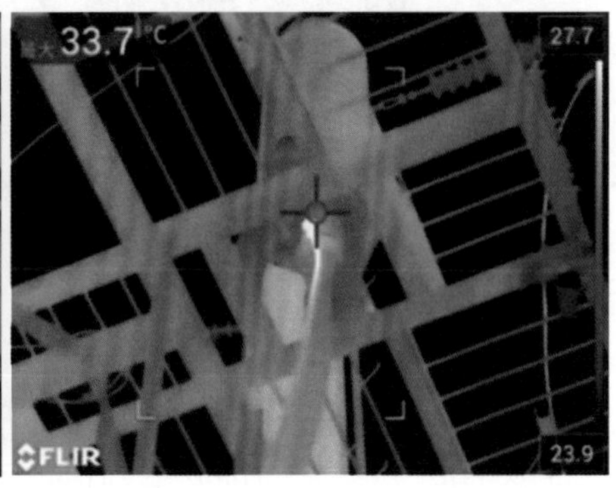

图 192　某 110 kV 电缆终端三相红外热像

2. 红外复测

对该电缆终端安排红外复测，检测时现场环境气温 32℃，湿度 80%，多角度红外热像如图 193 所示，从图中可以看出，A、B、C 三相尾管与接地线连接处的温度最高为 48.7℃，终端正常温度 40.1℃，温升 8.6℃，接地线连接处发热明显，需申请停电消缺处理。

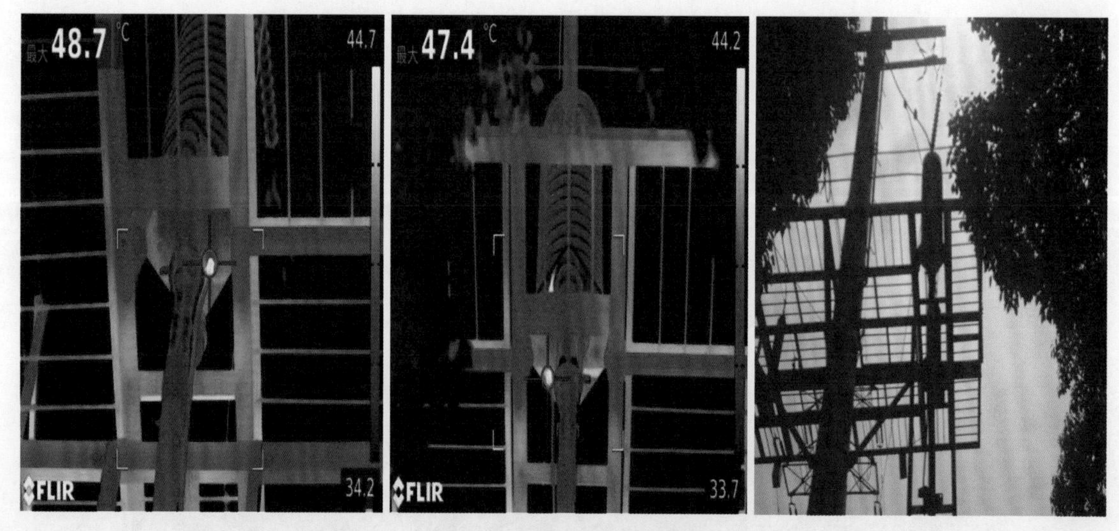

图 193　三相复测红外热像

3. 局部放电检测

对该电缆终端三相进行局部放电检测，图谱如图 194 所示，可以发现 A、B、C 三相均存在局部放电信号，C 相局部放电幅值最大，初步判断 C 相疑似悬浮或表面放电。

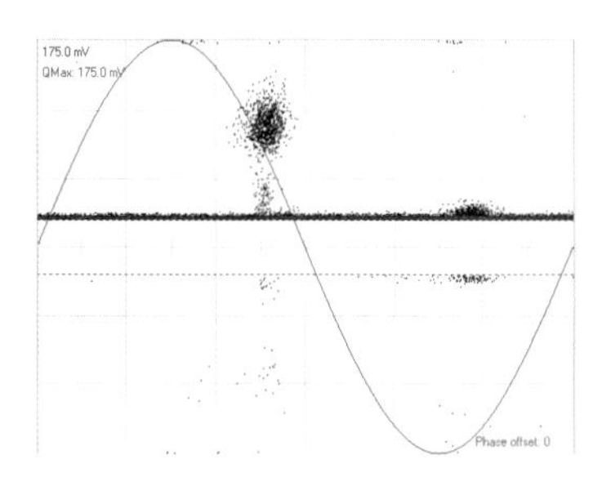
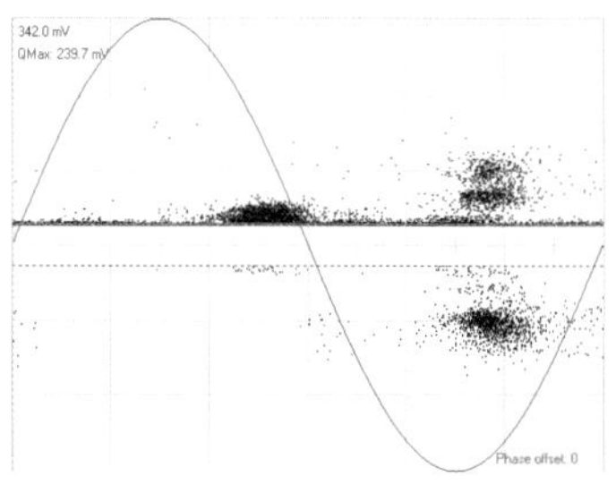
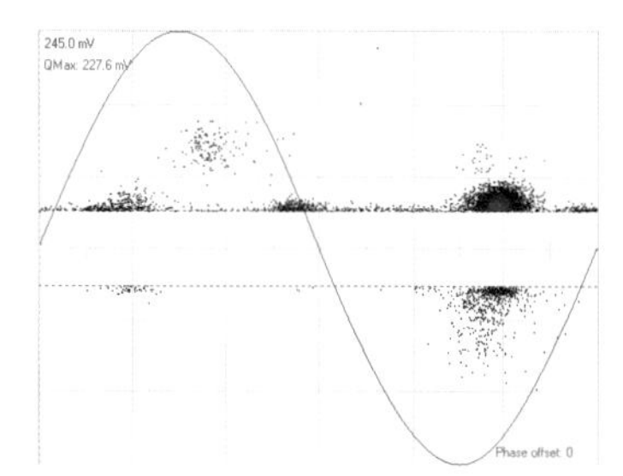

(a) A、B、C 三相 PRPD 谱图

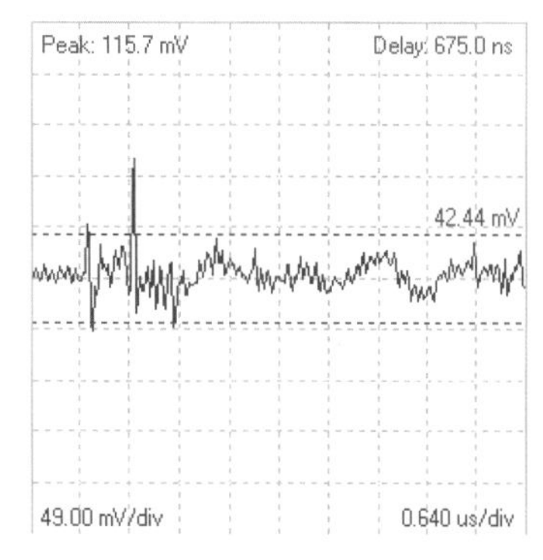

(b) A、B、C 三相波形图

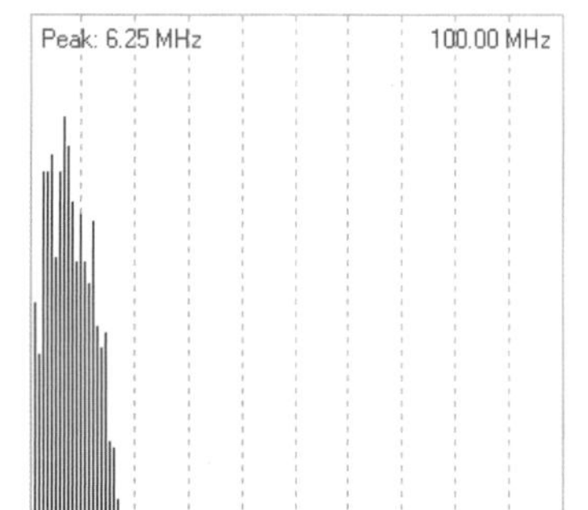

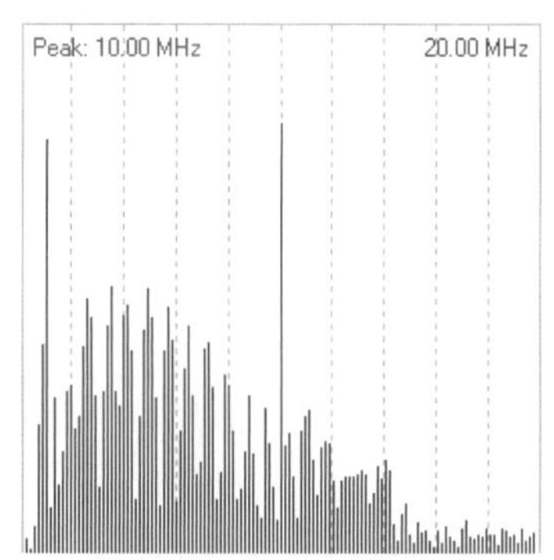

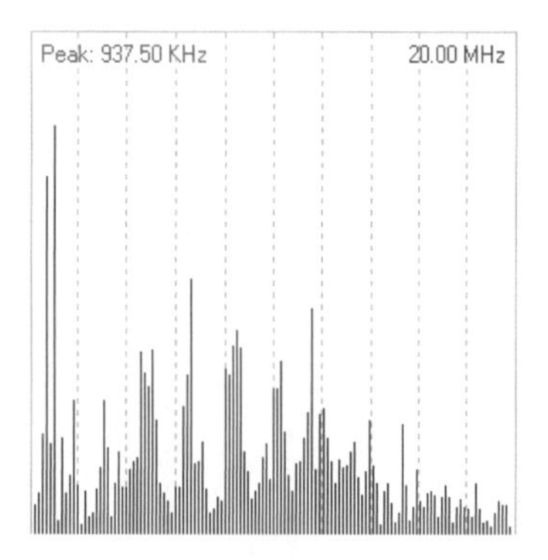

(c) A、B、C 三相频率谱图

图 194　三相局部放电检测图谱

（三）停电消缺

1. 消缺方案

将该电缆户外终端处的尾线拆解，用砂纸打磨尾线表面以去除毛刺和锈蚀，再将一号换位箱的铜排换至正确的顺序。

2. 现场检查

发现该电缆终端至一号换位箱护套环流异常，电流值达到 97 A，对该换位段交叉换位情况检测后发现，一号换位箱换位排相位错误。

3. 消缺过程

对一号换位箱换位排进行带电变换相位处理，该换位段护套环流降至 10 A 以下。电缆终端消缺前、后对比照如图 195 所示。

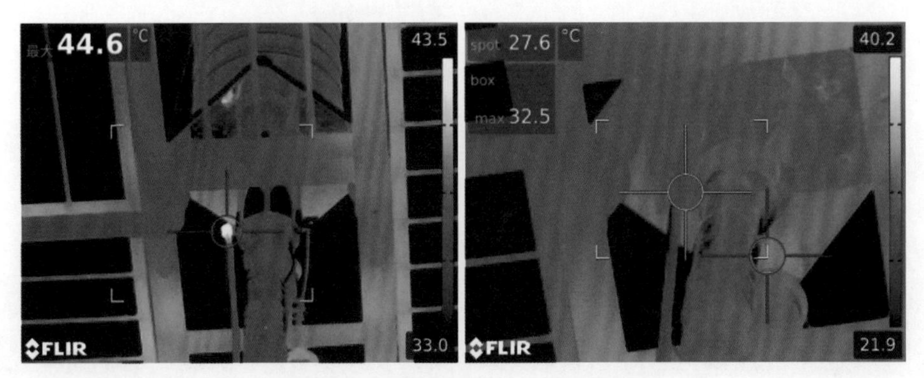

图 195　终端消缺前(左)、后(右)对比

(四) 红外复测

该电缆恢复运行 48 h 后，对原缺陷相终端进行红外复测，红外热像如图 196 所示，表明电缆终端设备正常，该电缆终端三相无异常热像。

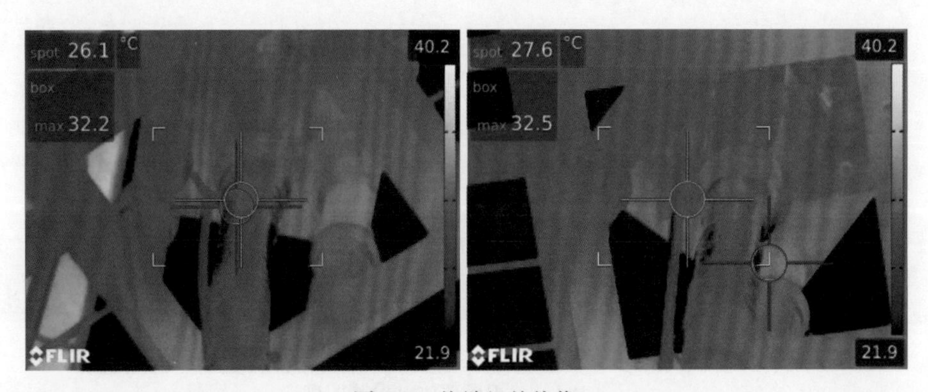

图 196　终端红外热像

(五) 小结

(1) 本案例是因换位箱换位排相位错误造成的发热缺陷。对换位箱换位排进行带电变换相位处理后，该换位段护套环流降低至合格范围。

(2) 运维人员在对站内电容器电缆进行红外热像检测前，应提前和调度沟通，掌握其运行资料，以便更好地安排巡视检测工作。

(3) 案例中对电缆设备进行红外热像检测的同时，采用有较高灵敏度的高频局部放电检测手段进行佐证，可以有效发现设备内部的潜伏性缺陷，更精准地进行缺陷预估。

案例六

红外热像检测发现220kV电缆终端发热缺陷

（一）案例经过

在日常巡检中，运用红外热像检测技术手段检测某220kV电缆终端，发现C相存在发热现象，随后对该电缆终端进行多次红外热像复测验证，判断该电缆终端存在缺陷，申请设备停役并进行消缺工作。

停电后，检查电缆终端发现搪铅处存在裂缝，有少许漏油，缺陷与红外测温预判位置相符合。相关消缺作业完成，耐压试验合格后，送电。恢复运行48h后，再次对该电缆终端进行红外热像复测无异常，缺陷消除。

（二）检测过程及分析

巡视当天，现场环境气温26℃、湿度75%，对某220kV电缆终端进行周期性检测时，发现该电缆终端C相存在温度异常，红外热像如图197所示。从图中可以看出：终端搪铅处发热，最高温度34.8℃，正常相温度33.1℃。相比正常相，异常相发热温升为1.7℃。根据以上数据，得出初步结论：该电缆终端C相存在异常。

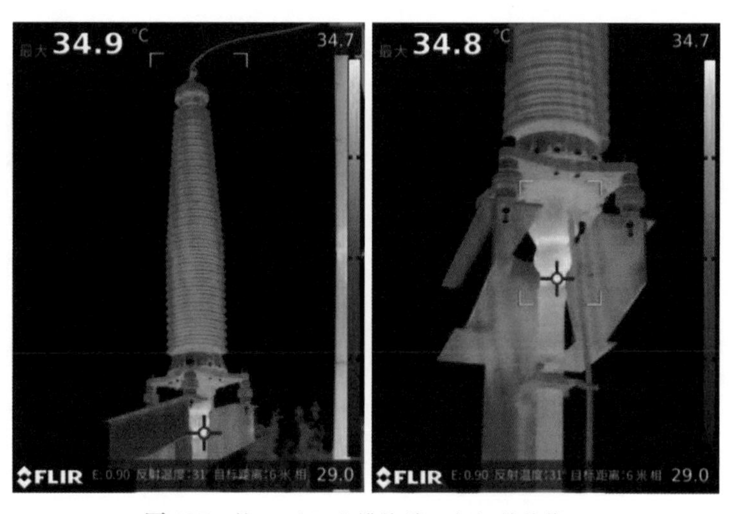

图197 某220kV电缆终端C相红外热像

(三) 停电消缺

1. 消缺安排

(1) 检查三相终端尾管搪铅，其次对发热的 C 相尾管搪铅进行冲铅，用内窥镜进行尾管内部检查。

(2) 如终端头内部放电现象严重，不排除扩大消缺范围的可能，并有可能重制该相终端。

(3) 电缆检查消缺后，必要时在电缆消缺毕后，进行耐压试验。耐压标准每相 216 kV/60 min。

2. 现场检查

检查 C 相终端如图 198 所示，发现有裂缝，并有少许渗油。

图 198 某 220 kV 电缆终端 C 相消缺前

3. 消缺过程

对该电缆终端 C 相搪铅检查，冲铅后检查内部正常，有少许油滴，尺寸正常，重新封铅，并安装尾管在线监测装置。制作完毕后，进行 216 kV/60 min 交流耐压试验，耐压通过，即试验合格。消缺维护工作结束后，汇报调度，送电投运。

(四) 红外复测

该电缆恢复运行 48 h 后，对原缺陷相终端进行红外复测，红外热像如图 199 所示，表明终端设备正常，C 相无异常热像，缺陷已消除。

(五) 小结

(1) 本案例是电缆终端搪铅处存在裂缝，有少许漏油，从而导致的电流型发热缺陷。

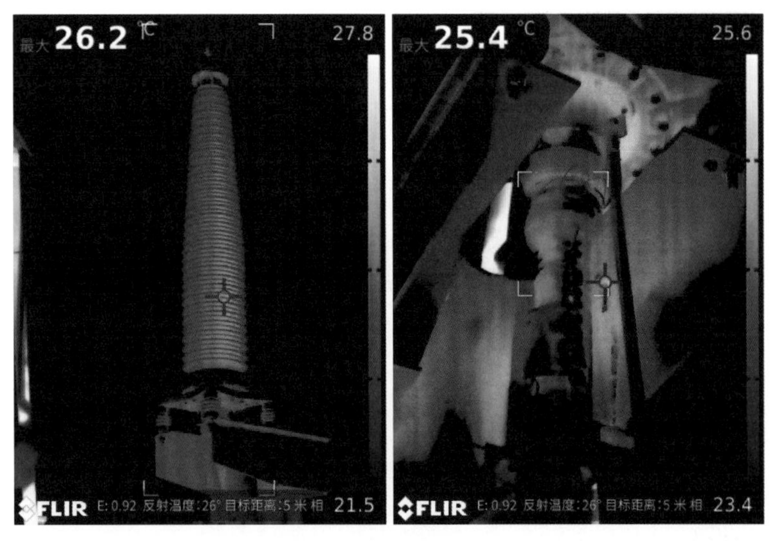

图 199 某 220 kV 电缆终端 C 相红外热像

（2）采用红外热像技术发现高压电缆终端缺陷，应继续提高状态评价检测技术高度，尽早发现设备初期隐患及缺陷，保障电缆及设备安全运行。

（3）应通过对红外测温检测技术检测出来的案例进行讨论和交流来提高对设备缺陷的敏感性，并加强检测技术的学习和培训，全面提高检测人员对缺陷的判断能力。

案例七

红外热像检测发现 220 kV 电缆终端发热缺陷

(一) 案例经过

在日常巡检中,运用红外热像检测技术手段检测某 220 kV 电缆终端,发现 A 相终端设备存在发热现象,随后对该电缆终端进行多次红外热像复测验证,判断该电缆终端存在异常温升,申请设备停役并进行消缺工作。

停电后,发现该电缆终端螺栓未紧固,并出现锈蚀,缺陷与红外测温预判位置相符合。相关消缺作业完成,送电。恢复运行 48 h 后,再次对该电缆终端进行红外热像复测无异常,缺陷消除。

(二) 检测过程及分析

巡视当天,现场环境气温 19 ℃、湿度 78%,对某 220 kV 电缆终端进行周期性检测时,发现该电缆终端 A 相终端存在温度异常,红外热像如图 200 所示。从图中可以看出:终端设备线夹处温度分别为 160.2 ℃、135.9 ℃,从历史数据来看同部位温升为 100 ℃以上,设备线夹发热明显。根据以上数据,得出初步结论:该电缆终端 A 相存在异常。

对该电缆终端安排红外复测,检测时现场环境气温 19 ℃,湿度 55%,红外热像如图 201 所示,从图中可以看出,A 相终端设备线夹温度为 163 ℃、166 ℃,线夹处发热现象依然明显,异常依然存在,需申请停电消缺处理。

(三) 停电消缺

1. 消缺安排

(1) 将 A 相户外电缆终端头电缆出线杆与架空尾线断开。

(2) 检查电缆出线杆表面、设备夹具有无毛刺和锈蚀,用砂纸打磨导线和线梗接触

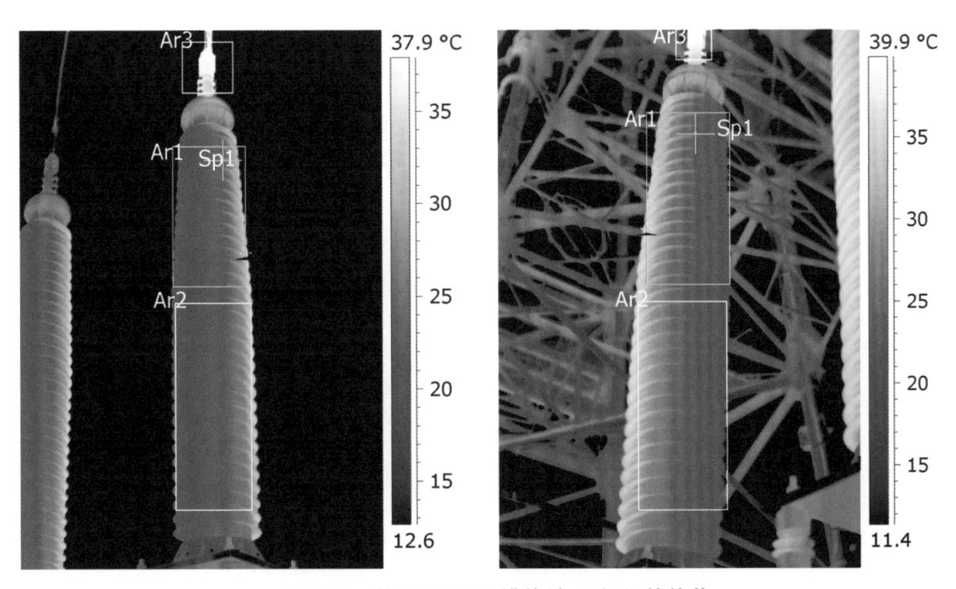

图 200　某 220 kV 电缆终端 A 相红外热像

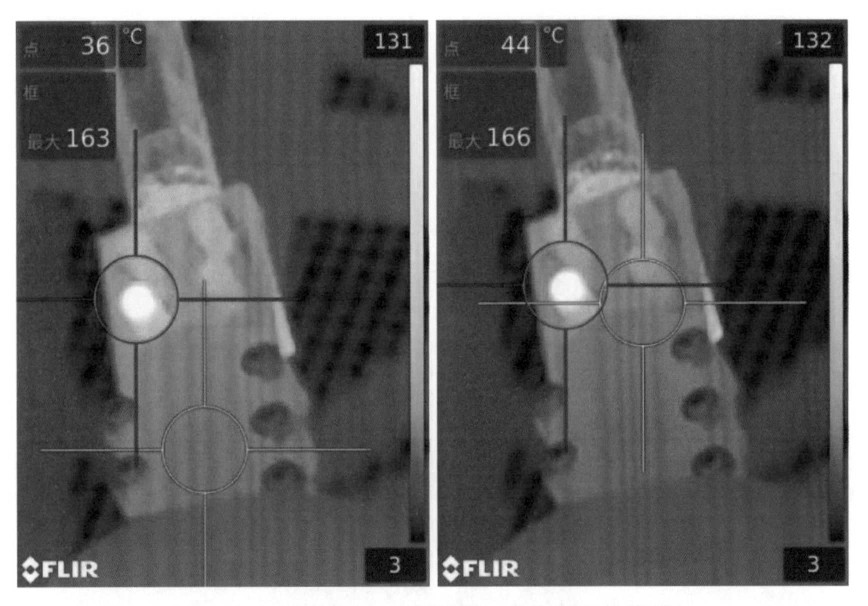

图 201　某 220 kV 电缆终端 A 相复测红外热像

面，更换铜铝过渡片及桩头螺栓，涂导电硅脂后重新连接。

（3）检查并紧固其余五相电缆桩头螺栓。

2. 现场检查

发现该 220 kV 电缆终端 A 相如图 202 所示，螺栓未紧固，并出现锈蚀。

图 202 某 220 kV 电缆终端 A 相消缺前

3. 消缺过程

按照要求用砂纸打磨导线和线梗接触面，更换铜铝过渡片及桩头螺栓，涂导电硅脂后重新连接。同时检查并紧固其余五相电缆桩头螺栓。消缺维护工作结束后，汇报调度，送电投运。

(四) 红外复测

该电缆恢复运行 48 h 后，对原缺陷相终端进行红外复测，环境温度 19 ℃，湿度 59%，红外热像如图 203 所示，表明终端设备正常，A 相无异常热像，缺陷已消除。

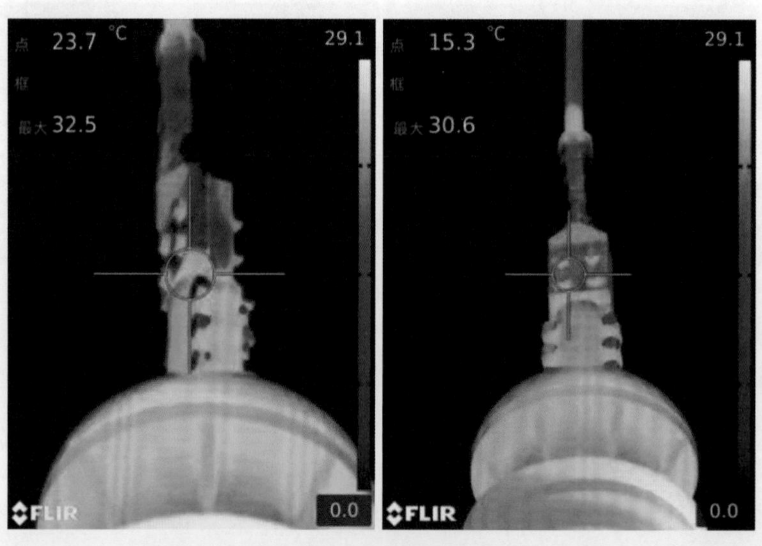

图 203 某 220 kV 电缆终端 A 相红外热像

（五）小结

（1）红外热像检测技术是检测带电设备发热情况的一种十分有效的措施，能够有效地检测带电设备运行中出现的问题。

（2）红外热像检测技术对技术人员的检测水平要求较高，检测人员应提高综合素质，操作流程要符合规范，检测结果应结合现场情况及经验准确判断。

案例八

油压报警装置发现 220 kV 某站内电缆漏油缺陷

(一) 案例经过

在巡视检测中，发现某 220 kV 电缆站内塞止头油压表示数偏低，表明该电缆有漏油现象，立即启动补压及查漏油工作并申请停役。

停电后，破开铅包发现绝缘层未受损，因此，在漏油点制作假接头，恢复铅包并做真空注油处理。相关消缺作业完成后，汇报送电。恢复运行 48 h 后，观察油压示数无异常，缺陷消除。

(二) 检测过程及分析

运维人员在巡视中发现，某 220 kV 电缆站内塞止头 B 相油压表示数如图 204 所示，表明需要立即启动补压及查漏油工作。

图 204 某 220 kV 电缆站内塞止头油压示数

经过 3 天的查漏油及补压工作，最终在该电缆二号—三号接头之间的长路工井查到漏油点，如图 205 所示，运维人员做了紧急包覆处理，如图 206 所示，并继续监测油压及

图 205 某 220 kV 电缆漏油点

图 206 某 220 kV 电缆漏油点紧急处理

补压工作,等待停电消缺。

(三) 停电消缺

1. 消缺安排

运维人员提出了以下两种解决方案。

(1) 加装假接头方案。

停电后开展现场解剖检查,如发现电缆金属护套破损,电缆外屏蔽和纸绝缘轻微受损的情况,将采用修补纸绝缘及外屏蔽,加装接头铜盒,并防水处理,毕后进行抽真空、冲洗、油样合格后汇报送电充电 24 h,预计消缺时间 3 天。该方案为首选方案。

(2) 更换缺陷电缆方案。

停电后开展现场解剖检查,如发现电缆外屏蔽和主绝缘受损严重,且有放电情况,需换该电缆缺陷段 140 米,新安装直线接头两相,毕后进行抽真空、冲洗、油样合格后进行直流耐压试验 510 kV/15 min。预计消缺时间 6 天(含站变电配合工作),如检查发现该电缆本体存在受损严重情况将申请停电延长。

2. 现场检查

打开该电缆二号—三号接头中间 B 相漏油点,剖开铅包,如图 207 所示,发现内部绝

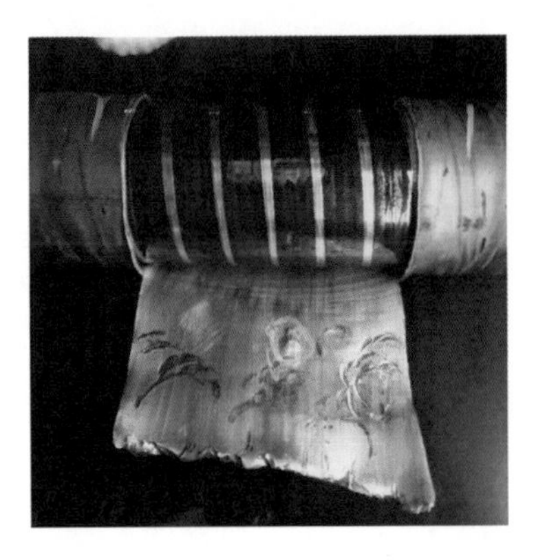

图 207 某 220 kV 电缆漏油点剖开铅包

缘层未受损，需在漏油点制作假接头，恢复铅包并做真空注油处理。

3. 消缺过程

在漏油点制作假接头，恢复铅包并做真空注油处理，如图 208 所示。因电缆内部绝缘层未动，无需耐压试验，缺陷消除后，汇报送电。

图 208 某 220 kV 电缆漏油点消缺后

(四) 复测

该电缆恢复运行 48 h 后，复测，油压示数正常，缺陷相无渗漏油，缺陷消除。

(五) 小结

(1) 在线油压监测是评估充油电缆绝缘状态的一个有效而成熟的检测手段，运维人员应该加强对充油电缆油压的在线监测。

(2) 运维人员可以通过合理地设置油压表报警系数来进行油压监测，从而及时消除隐患。

(3) 运维人员应做好油压报警装置的日常维护工作，确保装置正常报警。

案例九

220 kV 某电缆线路漏油缺陷案例分析

（一）案例经过

在日常巡视中，运用红外热像检测技术手段检测某站内 220 kV 电缆终端，发现终端 C 相有漏油现象。随后，增加对电缆终端的监测，跟踪测量中，发现漏油情况加剧并存在终端发热现象，申请设备停役。

停电后，发现终端搪铅表面存在沙眼、明显缝隙，重新进行搪铅处理等相关消缺作业完成后，送电。恢复运行 48 h 后，再次对该终端进行红外热像复测无异常，缺陷消除。

（二）检测过程及分析

对某站内 220 kV 电缆进行日常巡视中发现该电缆终端 C 相有漏油现象，红外测温正常，无明显发热现象，需加强巡视。在跟踪测量漏油情况下，巡视当天，现场环境气温 10℃，湿度 60%，对该电缆终端进行红外热像复测。红外热像如图 209 所示，可见光图像如图 210 所示，从图中可以看出：该终端 C 相有发热现象，并且漏油情况加剧，漏油量明显增多，需申请停电消缺处理。

图 209 某 220 kV 电缆终端 C 相红外热像

图 210 某 220 kV 电缆终端 C 相可见光图像

（三）停电消缺

1. 消缺安排

（1）对该电缆红相户外终端头剖开搪铅处热缩管，检查搪铅漏油点。放掉终端内硅油，重新进行搪铅，搪铅后静置 1～2 h 再次检查，确认搪铅处不再渗油后绕包密封带材，并重注硅油，更换相关密封圈。

（2）其余两相也需进行检查，如发现有漏油点一并消缺，现场需搭建脚手架。

（3）如终端头内部放电情况较为严重，不排除扩大消缺范围的可能，并有可能重置终端，则需要在电缆消缺毕后，进行耐压试验，耐压标准每相 216 kV/60 min。

2. 现场检查

该电缆户外终端头剖开后，如图 211 所示，发现：

（1）C 相搪铅表面存在沙眼；

（2）根据消缺方案打开顶盖后，测量油位，发现 C 相终端油位降低了 2 厘米。

图 211 某 220 kV 电缆 51 终端 C 相接头消缺前

图 212 某 220 kV 电缆终端 C 相终端消缺后

3. 消缺过程

将油放尽后重新搪铅并注油，在观察 2 h 后，确定无渗油迹象，用绝缘带和加强带密封，缩热缩管并在热缩管两端绕包防水带。重新进行搪铅处理，完毕后如图 212 所示，消缺维护工作结束后，汇报调度，送电投运。

（四）红外复测

该电缆送电投运后，对终端进行红外复测。复测时，现场环境温度 19℃，湿度 73%，红外热像如图 213 所示，电缆终端设备正常，缺陷消除。

图 213 某 220 kV 电缆终端红外热像

（五）小结

（1）本案例是运维人员在巡视中发现的一起漏油缺陷，并采用红外热像检测手段加以验证，需申请停役消缺。

（2）由于接头工艺不良造成搪铅表面存在沙眼、缝隙等，最终造成漏油缺陷，应该加强对施工工艺的监管。

（3）红外热像检测手段诊断内部缺陷具有不停电、准确、快速的优点，可以有效检出设备过热缺陷。

案例十

巡视发现 220 kV 某电缆漏油缺陷

(一) 案例经过

在日常巡视中,发现某站内 220 kV 电缆终端 A、B 两相存在漏油,在可控范围内,随后,增加对电缆终端的监测,发现漏油情况加剧,申请设备停役。

停电后,拆开终端发现,尾管封铅处存在明显裂缝导致渗漏。重新搪铅等相关消缺作业完成后,送电。恢复运行 48 h 后,再次对该终端进行红外热像复测无异常,缺陷消除。

(二) 检测过程及分析

在对某站内 220 kV 电缆日常巡视中,发现该电缆终端 A、B 两相都存在漏油现象,如图 214 所示,漏油在可控范围之内,需加强巡视。在跟测监测中,发现漏油增多,如图 215 所示。

图 214 某 220 kV 电缆终端漏油

图 215 某 220 kV 电缆终端漏油增多

（三）停电消缺

1. 消缺安排

（1）对该电缆黄相终端头剖开搪铅处热缩管，检查搪铅漏油点。放掉终端内硅油，重新进行搪铅，搪铅后静置 1～2 h 再次检查，确认搪铅处不再渗油后绕包密封带材，并重注硅油，更换相关密封圈。

（2）其余两相也需进行检查，如发现有漏油点一并消缺，现场需搭建脚手架。

（3）如终端头内部放电情况较为严重，不排除扩大消缺范围的可能，并有可能重置终端，则需要在电缆消缺毕后，进行耐压试验，耐压标准每相 216 kV/60 min。

2. 现场检查

首先使用探伤仪对三相搪铅处探测，结果显示 A 相无异常，B、C 两相存在不同程度的密封不良情况。

为防止 A 相由于渗油量小，渗油情况短时间不易被察觉，现场采用在该电缆终端 A 相搪铅处表面覆盖一层干燥吸油的餐巾纸，再用保鲜膜包裹住观察一个晚上。次日观察餐巾纸没有油渍，说明无渗油。

打开 B、C 两相热缩管发现热缩管尾部有硅油残留，但在搪铅表面并未发现油迹，也未发现明显漏油点。但 B 相搪铅表面粗糙，两端边缘不净。由于并未查到明显漏油点，还是在搪铅处表面覆盖一层干燥吸油的餐巾纸，再用保鲜膜包裹住观察一个晚上。次日观察餐巾纸发现 B、C 两相终端搪铅处有油渍，说明该处存在缓慢渗油现象。

3. 消缺过程

确定 A 相无渗油迹象后，用绝缘带和加强带密封，缩热缩管，并在热缩管两端绕包防水带。

根据消缺方案，将 B、C 两相终端油放尽后重新搪铅，注油。观察 2 h，确定无渗油迹象后用绝缘带和加强带密封，缩热缩管并在热缩管两端绕包防水带。消缺维护工作结束后，汇报调度，送电投运。

（四）红外复测

该电缆送电投运后，对终端进行红外热像复测。复测时，现场环境气温 19 ℃，湿度 73%，红外热像如图 216 所示，电缆终端设备正常，缺陷消除。

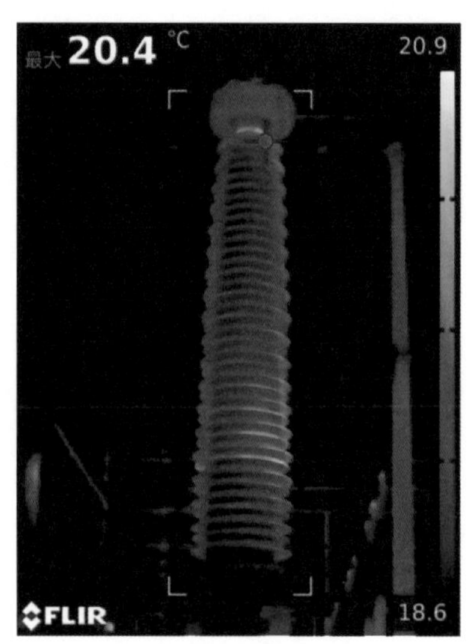

图 216　220 kV 某线路终端红外热像

（五）小结

（1）本案例在消缺过程中，并未发现明显漏油点，采用吸油纸包住搪铅表面一段时间后，观察是否存在漏油现象。

(2) 在接头工艺中，搪铅影响到封堵效果，搪铅表面裂缝、粗糙或者边缘不净等都可能导致电缆终端发热现象。

(3) 红外热像检测手段可以及早发现设备的发热缺陷，有效防止缺陷的进一步扩大。

案例十一

油样检测发现 220 kV 某电缆油样缺陷

（一）案例经过

在对某 220 kV 充油电缆进行定期检测时，发现此次检测报告中显示乙炔超标，存在局部放电现象，申请设备停役，进行消缺工作。

停电后，在对相应塞止头油样进行的真空冲洗等消缺工作完成后，恢复送电。送电 48 h 后，再次将油样送检，油样正常，缺陷消除。

（二）检测过程及分析

对该充油电缆的油样检测报告见表 29 所示，从表中可以看出：乙炔超标，检测结果为 4.4，存在局部放电故障，申请设备停役。

表 29　某 220 kV 电缆油样监测报告

检测报告		
检测项目	单位	结果
油中溶解气体(DGA)分析		
可燃性气体	μL/L	29.9
氢气	μL/L	9.2
乙炔	μL/L	4.4
一氧化碳	μL/L	7.0
二氧化碳	μL/L	415.8
甲烷	μL/L	3.7
乙烷	μL/L	0.8
乙烯	μL/L	4.9

（续表）

检测项目	单位	结果
氧气	μL/L	12013.9
氮气	μL/L	29383.0
	油质分析	
介质损耗因数(100℃)	%	0.16
水分	mg/L	9.2
击穿电压(2.5 mm)	kV	91.5

（三）停电消缺

1. 消缺安排

停电消缺准备工作，包括设备两端安全措施的确认，以及压力箱备品送至现场，同时连接油管路，开井检查，确认现场设备状况是否完好。

对该电缆线路六号塞止头 A 相一侧塞止头进行冲洗，分别连接真空泵和压力箱，开启真空泵当真空泵的真空度达到 13 Pa 后，拧开塞止头压力箱阀门进行真空拔油，将该段电缆油抽尽，真空度达到 13 Pa 后进行进油、冲洗，冲洗结束后将真空度重新抽至 13 Pa，并保持 8 h，读漏真 15 min，真空度应小于 40 Pa。并取油样进行(耐压、色谱、介损、微水)的测试。对油样进行冲洗，并将油样送检。

对设备油样再次进行冲洗，等待送检结果，待油样合格后，现场开展收场工作，并汇报送电。

2. 现场检查

对该充油电缆六号塞止头进行真空冲洗消缺，如图 217 所示：塞止头两端分别连接真空泵和压力箱进行真空拔油，将该段电缆油抽尽后，再进行进油、冲洗。

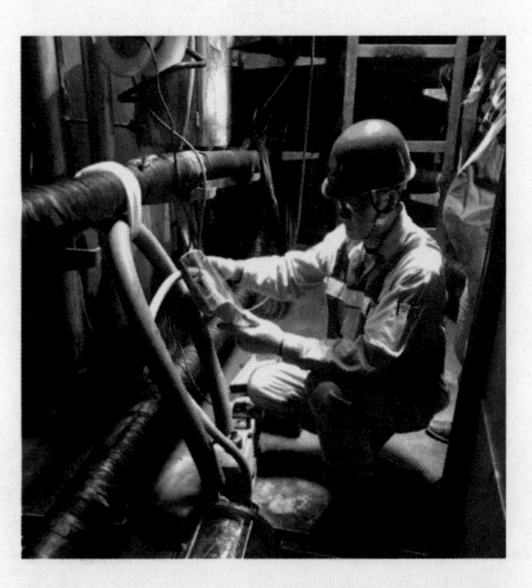

图 217　某 220 kV 充油电缆真空冲洗消缺

(四) 油样复测

该电缆恢复投运 48 h 后，对原缺陷相进行油样复测，复测结果见表 30。

表 30　某 220 kV 电缆油样监测报告

检测报告		
检测项目	单位	结果
油中溶解气体(DGA)分析		
可燃性气体	μL/L	53.2
氢气	μL/L	11.9
乙炔	μL/L	2.0
一氧化碳	μL/L	38.0
二氧化碳	μL/L	227.3
甲烷	μL/L	2.6
乙烷	μL/L	0.6
乙烯	μL/L	2.2
氧气	μL/L	6721.9
氮气	μL/L	20898.4
油质分析		
介质损耗因数(100 ℃)	%	0.94
水分	mg/L	13.2
击穿电压(2.5 mm)	kV	83.7

从表中可以看出：乙炔含量由 4.4 下降到 2.0，油样品质得到提升，缺陷消除。

(五) 小结

(1) 对充油电缆实施定期的状态检测和分析，能及时掌握设备运行状态，更有效地发现设备缺陷，可以更有针对性地开展检修工作。

(2) 对电缆及设备进行相关的油化、油压及红外热像等检测，能在设备处于运行状态时检测到较为准确的运行参数，从而正确地判断设备健康状态。

案例十二

接地电流检测发现某站2号主变110 kV电缆缺陷

(一) 案例经过

在日常巡检中,运用接地电流检测技术检测某站2号主变110 kV电缆线路终端,发现B相接接地电流大小异常,又经过多次电流检测复测,判断该电缆终端存在异常,申请设备停役并进行消缺工作。

停电后,在电缆终端发现该电缆接地线接线端子直接与电缆支架接触,形成电缆金属性接地,导致电缆护层没有经过护层保护器直接接地;电缆铭牌的错误绑扎位置导致电缆护层与GIS筒体直接接触接地。

最后,相关消缺作业完成后送电,缺陷消除。

(二) 检测过程及分析

巡视当天,现场环境气温22℃、湿度65%,对某站2号主变110 kV电缆终端进行周期性检测时,发现该电缆终端B相电缆接地电流为18 A,其他两相电流均小于1 A。根据《高压电缆状态检测技术规范》Q/GDW 11223—2014等标准要求,单相接地电流最大值与最小值之比大于5时为缺陷,故该电缆护层存在疑似缺陷,建议其结合负荷量进行复测。

(三) 接地电流复测

电缆终端进行接地电流复测,其复测结果见表31。

表31　电缆终端接地电流检测结果

接地电流大小		
A相	B相	C相
0.200	18.100	0.300
0.200	17.100	0.300
0.300	14.000	0.500
0	16.000	0

经过4次环流复测，该电缆终端B相电流最大为18.1 A，最小为14 A，其他两相每次测试电流均小于1 A。测试结果证明单项接地电流最大值与最小值之比大于5。

结合符合情况分析，接地电流与负荷比值大于50%，故该电缆存在多点接地或两端直接接地的可能，建议停电后进行消缺检查。

(四) 停电消缺

1. 消缺安排

(1) 对该站2号主变110 kV电缆终端B相进行检查，停电后将护层两端断开后，测试其绝缘电阻值。

(2) 测寻电缆护层的接地故障点。

(3) 找到故障点后，修复电缆护层的故障。

(4) B相电缆检查消缺后进行复测。

2. 现场检查

(1) 绝缘电阻测试。

110 kV电缆终端停电后，将B相护层两端断开后，用MΩ表对其进行绝缘电阻测试，测试时，在GIS室加1 000 V的试验电压，测试结果见表32。

表32　110 kV电缆终端绝缘电阻测试结果

护层绝缘(MΩ)		
A	B	C
4 330	击穿	4 850

从表32测试结果得出，B相电缆在1 000V电压下发生绝缘击穿，此时电阻为零，排除电缆护层接地引线、护层保护器等问题，电缆存在多点接地的情况。

(2) 故障定位。

恢复接地线后，在GIS端进行A相、B相跨接，在主变端采用低压电桥，指针无法稳定，串联电感后，正接测得 21 米，指针依旧无法稳定。

换用智能电桥，正接测得 16.1 米，测试结果如图 218 所示。去除两端电缆的接地引线及跨接线问题，判断电缆故障可能位于主变终端侧。

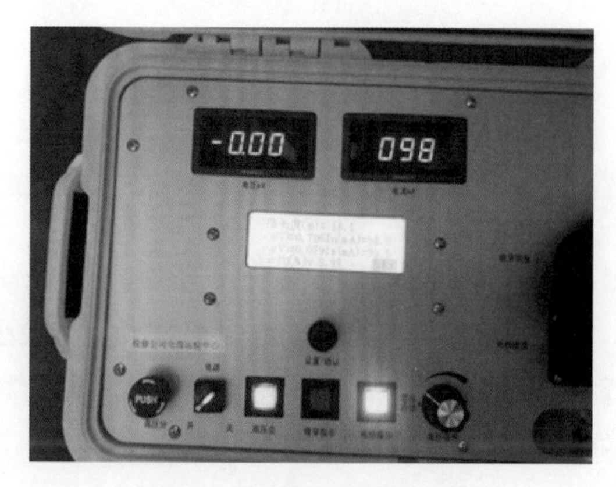

图 218 智能电桥测试结果

(3) 缺陷检查。

对主变终端侧护层检查，发现电缆接地线接线端子直接与电缆支架接触，形成金属性接地，导致电缆护层没有经过护层保护器而直接接地，造成多点接地后接地电流的上升。

同时，在拆除电缆 GIS 端接地时发现，电缆金属铭牌的绑扎位置不正确，可能导致电缆护层与 GIS 筒体直接接触接地，没有经过电缆护层接地刀闸，在之后的消缺过程中一并进行处置。其消缺照片如图 219 所示。

(a) B 相消缺前

(b) B 相消缺后

(c) B 相消缺前

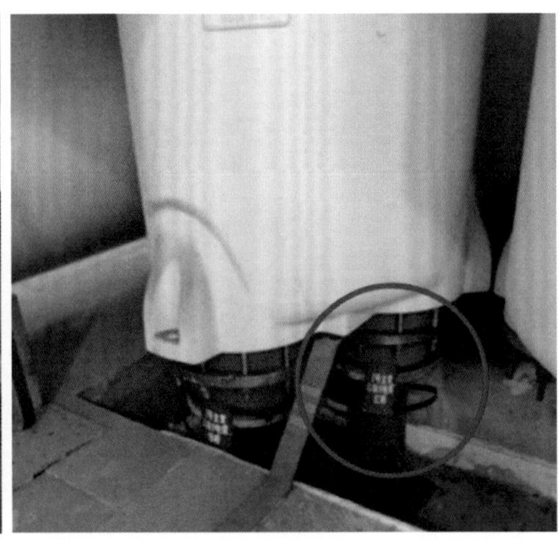

(d) B 相消缺后

图 219 电缆终端 B 相消缺前后

3. 消缺过程

更换了该段电缆线路的线鼻子。消缺维护工作结束后，汇报调度，送电投运。

(五) 小结

(1) 本案例因终端零部件施工质量问题引起了线路环流异常。

(2) 施工作业中要严格复量支架孔径是否符合电缆接地装置安装需求。

(3) 应对施工单位发出安装质量警示。

案例十三

无人机巡检发现某 110 kV 电缆缺陷

（一）案例经过

在日常巡检中，运用无人机巡检技术手段检测某电缆线路终端，发现 A 相接地线断裂，判断该电缆终端接地系统存在异常，申请设备停役并进行消缺工作。

停电后，在电缆终端尾管接地线接线端子处发现该部分出现明显断裂，故对该部分进行更换。

相关消缺作业完成后送电，重新利用无人机巡检进行复测，通过无人机传回图片证明，缺陷消除。

（二）检测过程及分析

巡视当天，现场环境气温 22 ℃、湿度 50%，对某线路 110 kV 电缆终端进行周期性检测时，发现该电缆终端 A 相接地线断裂，其检测图像如图 220 所示。从图中可以看出：A 相接地线出现明显断裂，疑似缺陷，申请停电消缺处理。

图 220　电缆终端 A 相无人机巡检图像

(三) 停电消缺

1. 消缺安排

(1) 对该 110 kV 电缆终端 A 相进行检查，观察电缆终端环氧表面是否有伤痕。

(2) 检查预制件表面有无异常并按工艺图纸复核所有工艺尺寸，是否满足施工工艺要求。

(3) 如在检查过程这个发现异常情况，与厂方技术人员确认是否为缺陷，是否需要进行更换零件。

(4) A 相电缆检查消缺后进行复测。

2. 现场检查

打开该电缆终端 A 相接线端子如图 221 所示，发现：

(1) 首先检查电缆终端表面有无污浊，检查结果无异常；

(2) 然后将接地线拆卸，发现该接线端子压接部位与接线端存在铜、铝两种不同材质，在过渡处出现断裂。

图 221　电缆终端 A 相缺陷图

3. 消缺过程

更换该段电缆线路的全铜质接线端子。消缺维护工作结束后，汇报调度，送电投运。

(四) 无人机巡检复测

该电缆恢复运行 48 h 后，对原缺陷相终端进行无人机巡检复测，检测图像如图 222 所示，表明终端设备正常，A 相无异常，缺陷已消除。

图 222　电缆终端 A 相无人机巡检图像

(五) 小结

(1) 本案例是因终端附件材料配件问题引起的线路接地系统缺陷问题。

(2) 该出现缺陷的接线端子存在两种不同金属材料,在运行情况下,可能发生过渡界面断裂导致线路接地系统完全断开。建议所有电网系统内使用的接线端子使用同一材质,推荐采用纯铜质接线端子。

案例十四

交流耐压试验发现110 kV电缆中间接头缺陷

(一) 案例经过

在某电缆线路改接完成后进行竣工试验，在串联谐振耐压试验中将C相击穿。两周后，试验人员再次对该电缆C相进行交流升压以降低故障点电阻，随后进行故障测试，出现多次击穿，试验人员认为C相存在超高阻闪络性接地故障。

在故障测试中，采用低压脉冲法测试电缆全长，并采用耐压故障测距及故障分析，最终在故障距离点附近采用声测法对故障点进行精确定点。

(二) 检测过程及分析

某110 kV电缆线路在改接完成后进行竣工试验，串联谐振耐压试验具体步骤如下。

(1) 用兆欧表进行绝缘电阻测试，电缆三相绝缘电阻阻值>100 GΩ，随后进行串联谐振耐压试验。

(2) 该电缆为(800+1 000)mm^2 铜芯结构，双端为GIS终端，其中，将需要试验的一侧施加引出线套管，进行加压。

(3) 先对A相进行耐压试验，试验频率为57.1 Hz，电压128 kV，耐压1 h通过；对B相进行耐压试验，试验频率为57.1 Hz，电压128 kV，耐压1 h通过；对C相进行耐压试验，试验频率为57.1 Hz，升压至90 kV时发生击穿，后多次升压最终击穿电压为40 kV。

两周后，按照计划再次对该电缆C相进行交流升压以降低故障点电阻后进行故障测试：

(1) 当电压升至60 kV时，电缆击穿；

(2) 电压再次升压至45 kV时击穿；最后再升压至35 kV时击穿。

耐压试验得出结论：该电缆A、B相正常，C相存在超高阻闪络性接地故障。

(三) 故障测试

(1) 低压脉冲法测试电缆全长过程及分析。

低压脉冲法测试电缆全长并校验波速度，从图 223 可以看出在 172 m/μs 的波速度下，电缆的全长为 2.967 km，与图纸资料基本相符。从图 224 中可以看出显示的距离为第二个换位箱的位置，与图纸资料相符。

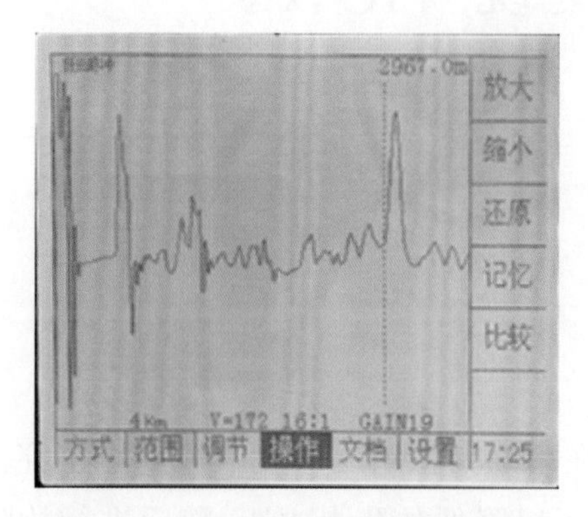

图 223　低压脉冲法测电缆线路全长

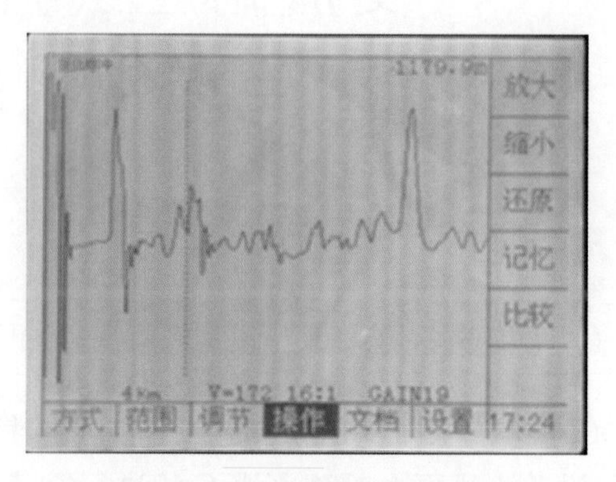

图 224　低压脉冲法测换位箱

(2) 耐压故障测距过程及故障波形分析。

安装耐压故障测距装置(研制实验中)并使用串联谐振交流耐压装置升压至电缆击穿，采集故障击穿时的波形并进行分析如下：从图 225 耐压试验击穿时故障波形可以得出，距离为 1.178 km。

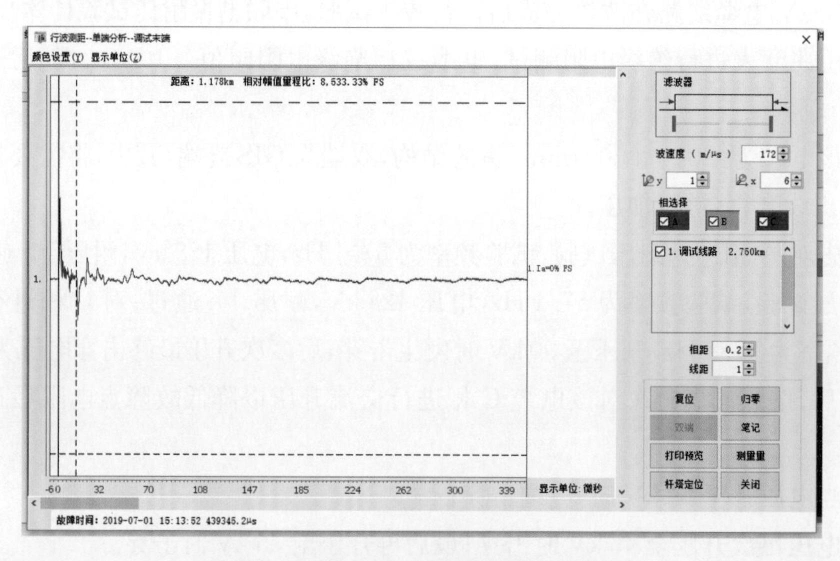

图 225　耐压试验击穿时采集到的故障波形

从图 226 击穿时的放大波形,可以看出波形距离为 1.178 km。

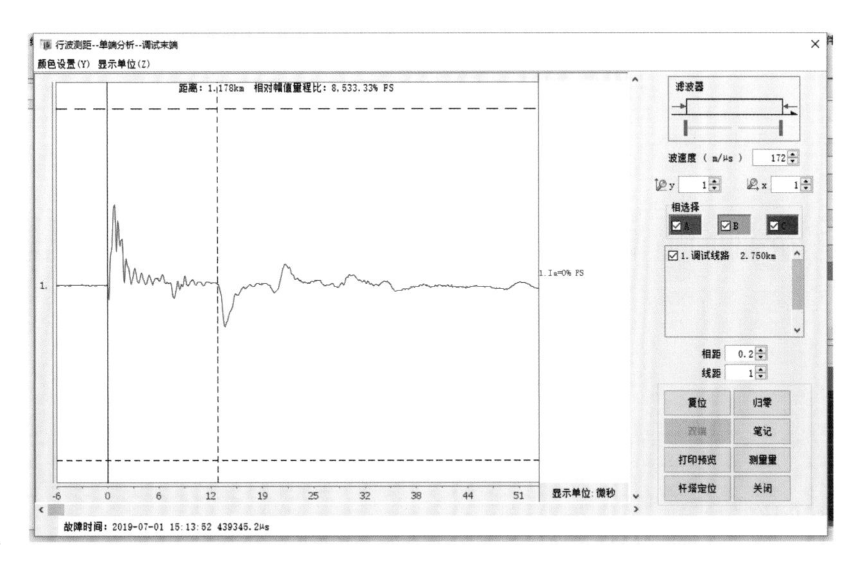

图 226 耐压试验击穿时的放大波形

测定故障距离后,采用串联谐振设备再次击穿电缆,在故障距离点附近采用声测法对故障点进行精确定点。

(四) 小结

(1) 串联谐振交流耐压试验方法因更接近电网运行的状态,更能真实地反应电缆线路的绝缘状况,并且对电缆没有破坏作用,被推荐为电力电缆耐压试验的主要方法。交流耐压试验作业在确保耐压时间和电压的情况下,可以发现电缆绝缘内部存在的缺陷。

(2) 交流耐压试验中发生电缆接头(绝缘)击穿时,大多存在以下两种情况。

(a) 电缆故障接地电阻很高。这类电缆故障,其击穿电压往往高于 32 kV,一般高压信号发生装置很难将故障点击穿放电,盲目地提高试验电压,不但会增加设备重量(体积),而且过高的冲击电压会损伤电缆其他薄弱点。

(b) 交流耐压情况下电缆故障,在一定试验电压下可呈现闪络性击穿。这种情况下如利用反复施加试验电压来降低绝缘电阻,成效不明显,且耗时较长。

(3) 在现场试验条件满足输电电缆耐压高阻闪络故障的特性时,可结合交流耐压试验作业,采用非接触式传感器,采集电缆故障信息,缩短故障测试流程及时间,以便快速寻找故障点。

案例十五

交流耐压试验发现 110 kV 电缆缺陷

(一) 案例经过

在疑似缺陷判断中,运用变频交流耐压试验技术手段检测 110 kV 某电缆,发现 A 相被击穿,判断该电缆存在故障,后经过复测判断故障性质,对故障进行预定位。在查找电缆路径并对故障进行精确定点后,申请设备停役并进行消缺工作。

停电后,对 A 相故障点进行解剖发现:

(1) 含击穿点段的电缆外护套内外表面完好;

(2) 铝护套对应击穿点处有一小洞,小洞贯穿铝护套;

(3) 缆芯击穿点处为一圆洞,导体部分露出。

对击穿原因进行分析,得出以下结论:

(1) 解剖检查排除外部因素造成击穿的可能性;

(2) 电缆结构尺寸和微孔杂质检查未发现电缆本体缺陷;

(3) 本次击穿可能为偶然,或电缆本体存在偶然缺陷。

相关消缺作业完成,耐压试验合格后,送电,缺陷消除。

(二) 检测过程及分析

1. 发现故障

在对 110 kV 某电缆进行耐压时,对 A 相电缆串联谐振耐压试验时 1.7 倍相电压加压 8 min 后电缆击穿,绝缘测试阻值约为 50 MΩ, B、C 相完好。其现场工作图如图 227 所示。

2. 判断故障性质

在 A 相被击穿后,测试人员应用绝缘电阻表及 LB4/60 数字电桥对故障电缆性质进行判断,判断过程如下。

(a) 现场交流耐压照片

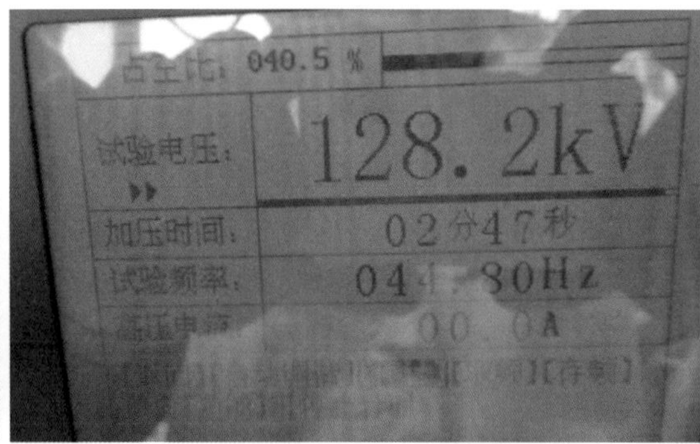

(b) 击穿后 A 相电缆绝缘电阻数据

图 227 变频交流耐压试验现场

(1) 在一侧变电站内进行绝缘测试，5 kV 绝缘电阻表测得阻值为 50 MΩ，此时电缆击穿后绝缘仍然较好。

(2) 使用大容量直流设备——LB4/60 智能电桥对电缆故障绝缘处进行烧穿。此次试验结果表示，直流耐压 40 kV 时，电缆无明显泄露，故障相电缆绝缘阻值仍然很高。

(3) 使用数字电桥继续对电缆进行长时间直流高压冲击。冲击一段时间后，恢复铝护套接地后再次进行直流耐压试验，试验结果如图 228 所示。试验结果表明，电缆发生明显泄露，绝缘电阻测试为零。

图 228 直流耐压试验结果

(4) 将此段电缆铝护套悬空后，电缆绝缘阻值又恢复升高，此段电缆为疑似故障段。初步判断故障类型为电缆线芯与铝护套短路。

(5) 将此段电缆铝护套再次悬空，在电缆终端处施加电压时，在此段电缆前后两个铝护套接地箱处使用万用表进行直流电压测试，两个测试点电压均为 500 V 上下，而该段电缆之外的铝护套(两接地箱之外)上电压为零，故初步判断电缆故障点位于两个接头之一。

3. 故障预定位

(1) 电缆故障定位系统。

初步判断故障性质后，使用 T32 电缆故障定位系统及 LB4/60 智能数字电桥对电缆故障点进行预定位。

将铝护套恢复接地后，使用 T32 电缆故障定位系统进行测距，使用二次脉冲法无有效波形；使用脉冲电流法对其进行测试，出现规律性不明显的波形，且存在较多杂波（铝护套交叉互联未拆除恢复连接）。其波形图如图 229 所示。根据波形初步计算，故障距离约在距测试点 2 607 m 处（波速换算 172 m/μs 后为 2 802 m）。

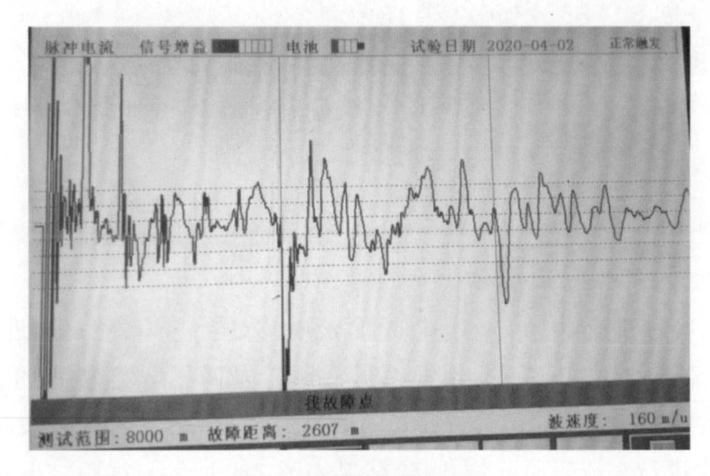

图 229 脉冲电流波形图

（2）智能数字电桥复测。

采用 LB4/60 数字电桥对电缆故障点进行复测验证，测试结果显示故障距离为 2 909 m，测试结果如图 230 所示。

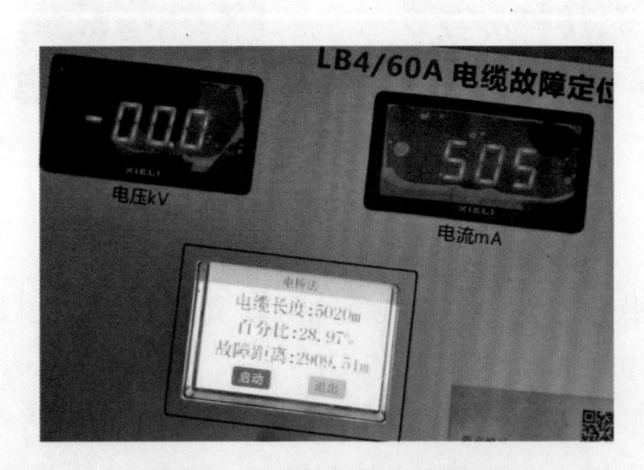

图 230 电桥测试故障距离结果

4. 电缆路径查找

根据预定位测量结果，对该条线路的电缆路径资料进行查找，其结果如图 231、图 232 所示。

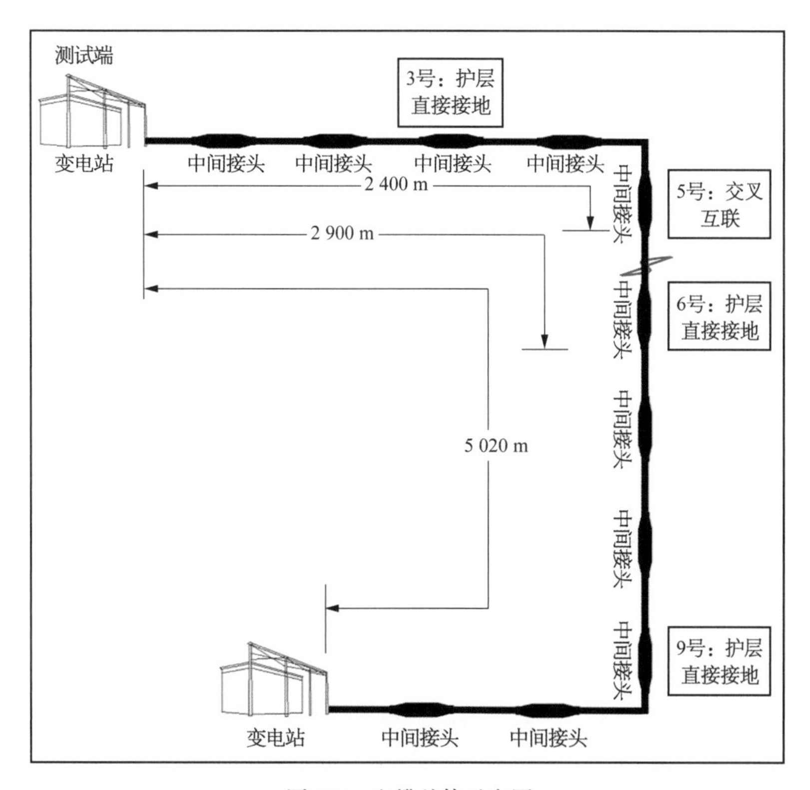

图 231　电缆总体示意图

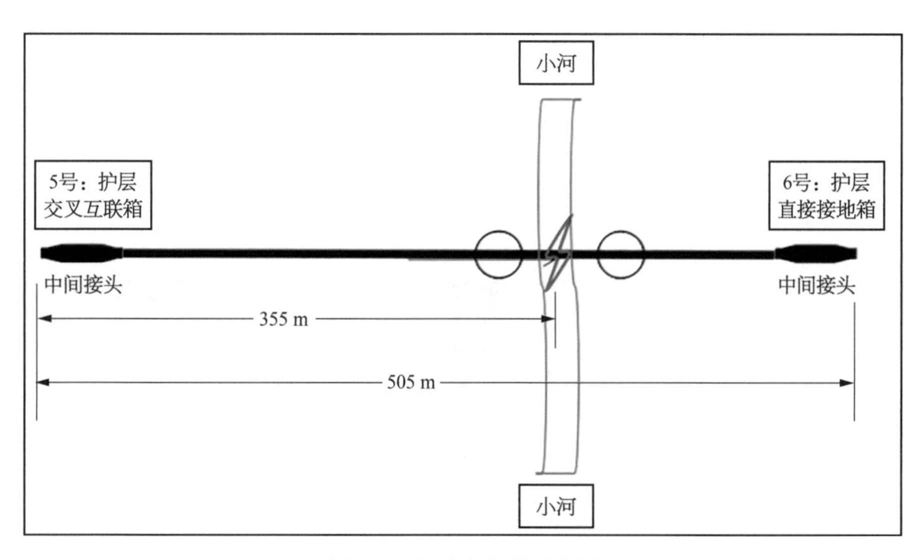

图 232　故障段电缆示意图

5. 故障精确定点

采用 TM10 外护套故障定位系统对故障段进行精确故障定位，其测试过程如下。

(1) 根据预定位故障距离和电缆路径图资料，判断故障点位于 5 号接头与 6 号接头之间。

(2) 将 1 号、2 号、4 号、5 号接头护层交叉互联全部拆除，3 号接头直接接地箱护层断开接地，并连通 1～5 号整体 A 相护层，再将 6 号交叉互联箱护层悬空，使用低压脉冲法于首端变电站进行测试，波形结果如图 233 所示。

波形结果显示，蓝色光标位置为 5 号接头，距离 2 466 m，光标左侧显示为 1 号、2 号、3 号、4 号接头，光标右侧明显向下反射的是 6 号接头(此处护层悬空，表示开路波形)；在 6 号接头处采用 TM10 外护套故障定位系统进行测距，利用电压降法计算出故障点距测试点为 255 m。

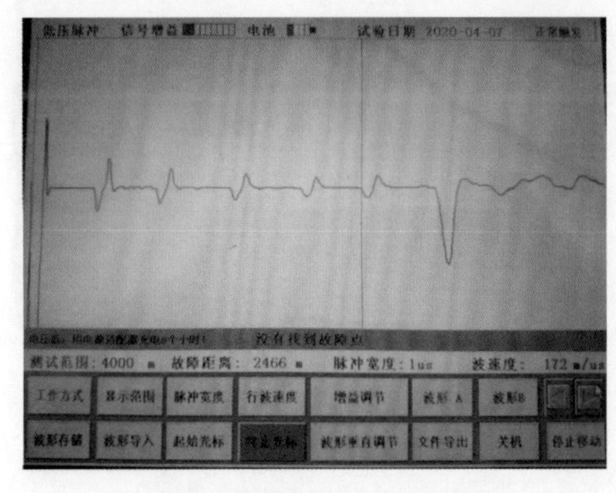

图 233 低压脉冲法波形图

(3) 由于该故障性质为导体与护层短路，但万用表测试时阻值还在 1 000 Ω 左右，相对较高，所以图 233 中低压脉冲波形没有明显低阻波形(阻值小于 200 Ω)。但该故障经电桥烧穿后，会呈现约 2 min 的短暂导通状态，此时绝缘阻值完全为零，表现为金属性短路故障，此时可使用低压脉冲法测试，并显示低阻波形，波形图如图 234 所示。

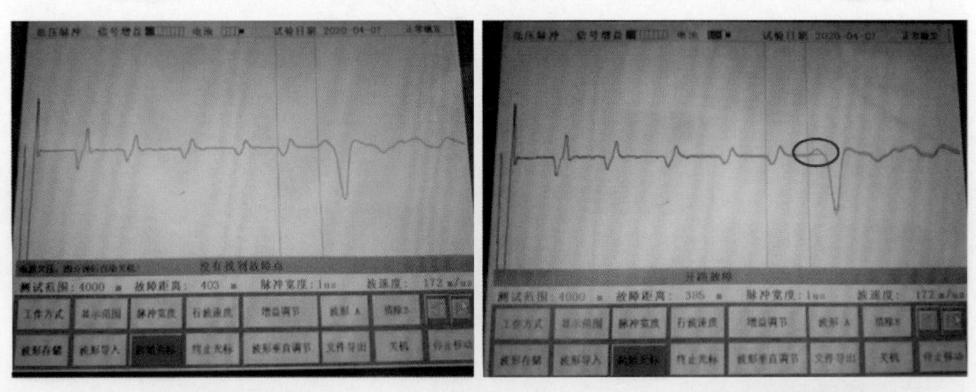

(a) A 相低阻短路波形　　(b) A 相、B 相低压脉冲对比波形

图 234 电桥烧穿后低压脉冲波形

由波形图看出，6 号开路波形前存在微小的向上反射波形（蓝色光标位置），将此波形与完好相 B 相波形对比，如图 234(b) 所示，可发现明显“分歧点”，该波形即为低阻短路波形，由波形图得出，故障点距离 5 号接头 403 m。

(4) 使用脉冲电流法对故障点距离进行复测，波形图如图 235 所示，故障距离为 2 851 m，距离 5 号接头 385 m，与低压脉冲法所测基本一致，至此可以确定故障点在 5～6 号接头之间，且距离 5 号接头 385 m，距离 6 号接头 120 m（护层长度为 505 米）。

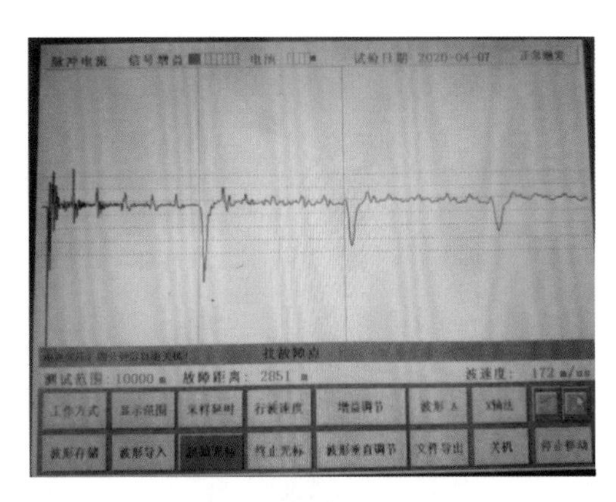

图 235　A 相脉冲电流波形

(5) 加压前进行故障定点，预测位置在小河两侧的两工作井之间，将定点仪放在邻近 B 相上可听到声音并可观察到声磁时间差变化。至此定点完毕，判断故障点在此处两工作井之间。

(6) 高压单元对电缆加压 10 kV 后，在距离测试端约 30 m 位置，人耳听到了明显放电声音，放置泥土在电缆表面，有明显震动。至此定点完毕，故障点被成功定位。

(三) 停电消缺

1. 现场检查

打开该电缆终端 A 相接头，如图 236 所示，发现：

(1) 含击穿点段的电缆外护套内外表面完好；

(2) 铝护套对应击穿点处有一小洞，穿透铝护套；

(3) 缆芯击穿点处为一圆洞，露出导体部分。

2. 击穿原因分析

将故障电缆更换浸入硅油进行试验分析，试验结果如图 237 所示。

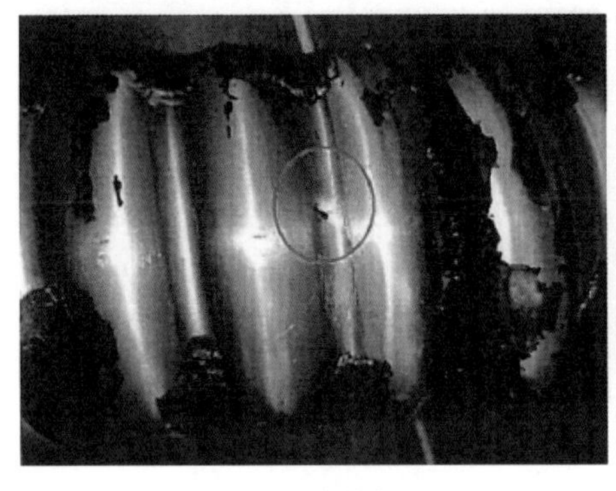

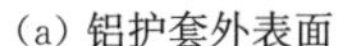

(a) 铝护套外表面

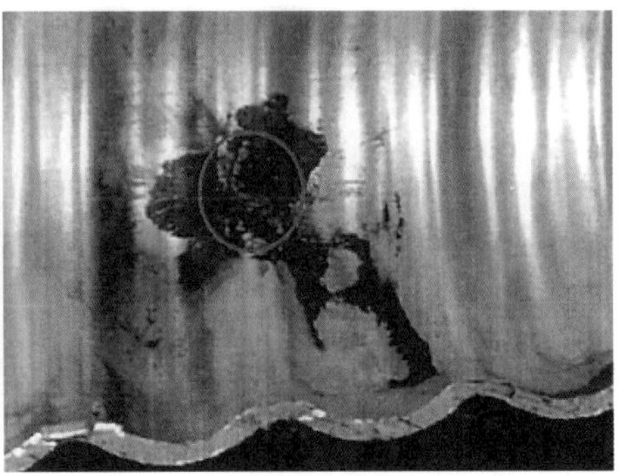

(b) 对应击穿点外表面

(c) 对应击穿点缓冲阻水层

(d) 击穿点绝缘屏蔽

图 236 某 110 kV 电缆终端 A 相解剖图

(a) 绝缘屏蔽和导体屏蔽

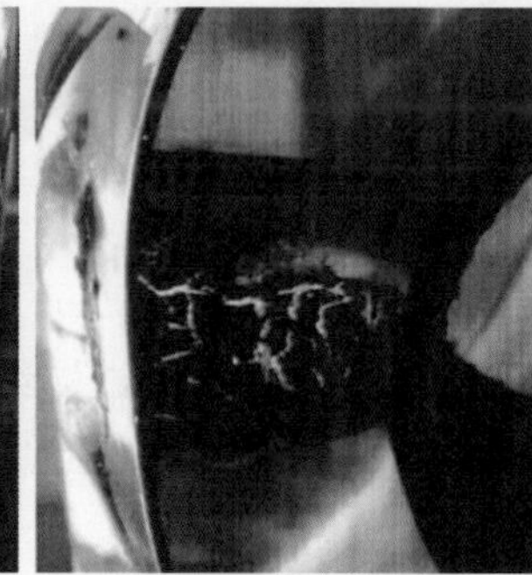

(b) 击穿通道外表面

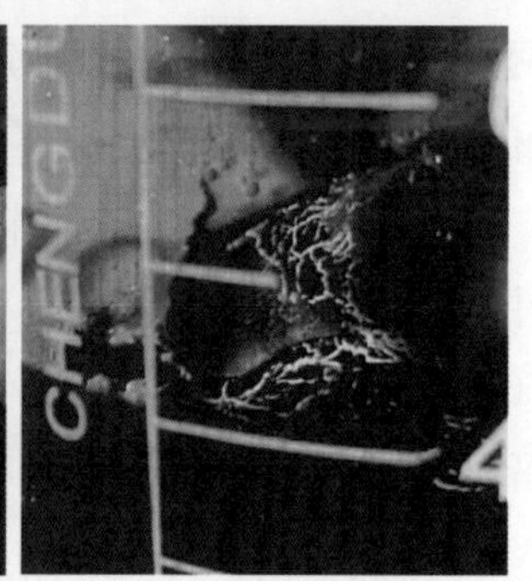

(c) 击穿通道内表面

图 237 某 110 kV 电缆终端 A 相浸硅油试验

从图 237 得出如下结论：

(1) 故障电缆绝缘屏蔽和导体屏蔽光滑无异常；

(2) 故障电缆击穿通道外表面出现炭黑；

(3) 故障电缆击穿通道内表面有铜绿残留。

对故障电缆进行微孔、杂质、凸起试验，试验结果如图 238 所示。

(a) 绝缘屏蔽界面

(b) 导体屏蔽界面

图 238 某 110 kV 电缆终端 A 相微孔、杂质、凸起试验

通过两个试验对故障电缆击穿原因进行分析，结论如下：

(1) 解剖检查排除外部因素造成击穿的可能性；

(2) 电缆结构尺寸和微孔杂质检查未发现电缆本体缺陷；

(3) 本次击穿可能为偶然因素，或电缆本体存在偶然缺陷。

3. 消缺过程

电缆线路不符合投运条件，交付基建单位处置，重制电缆接头。

(四) 小结

(1) 一般试验发生的故障为闪络故障且均在接头位置，封闭性故障也多在接头位置，本次测试的故障为典型的疑难本体封闭性故障，放电声音弱，封闭在本体内部，加上敷设深度较深，导致听不到放电声音。

(2) 电缆拉出后测得故障点距测试端（小河左侧工作井开断电缆终端）约 30 m，实际小河距离开断电缆的工作井也在 30 m 左右，即故障点可能位于小河内，这也可能是实际路面定点仪听不到声音的原因。

(3) 使用波形法测试 110 kV 电缆主绝缘故障时，仍旧需要拆除交叉互联并恢复整体各相的连接，否则波形不易分析。

(4) TM10 与电桥法还是适用于一般的外护套接地故障与主绝缘接地故障，本次测试存在较大误差，建议使用波形法测试。

案例十六

交流耐压试验发现 220 kV 电缆缺陷

(一) 案例经过

某电缆发生故障修复后，对电缆进行主绝缘变频交流耐压试验，耐压过程中该电缆发现 B 相、C 相两相耐压击穿。击穿电压分别为 192.6 kV 和 185.19 kV，后经过多次升压将试验击穿电压降低至 30 kV。电缆故障击穿当时，试验作业人员发现，伴随电缆击穿同时在该电缆终端处存在放电异响。经故障性质判断电缆为单相高阻接地故障，后经过电缆宽频阻抗谱检测对故障进行预定位，查找电缆路径并进行故障精确声测定点(由于时间紧迫，未进行电桥法及行波法测距)后，确认故障点位于 B、C 两相电缆新制终端接头处。

对 B 相和 C 相故障点(即电缆终端)进行解剖发现电缆终端内，电缆半导电断口 3 cm 处，电缆绝缘发生击穿故障。

击穿主要原因是电缆附件安装人员未按照图纸施工，半导电带和铜网带未包至预制件上方，造成通电后预制件表面未包铜网处与包了铜网处存在电位差，造成放电通路，从而在耐压通电一段时间后引发放电击穿。

相关消缺作业完成，耐压试验合格后，送电，缺陷消除。

(二) 检测过程及分析

1. 发现故障

该电缆全长为 1 739 m，截面积为 630 mm^2。由于电缆发生故障，抢修后，于 2020 年 6 月 26 日进行主绝缘交流耐压试验，试验标准为 2 倍 U_0、60 min。其中 B 相电缆在耐压过程中，电压升至 190 kV 时，突然击穿，并且很清楚听到终端内传出“嘭”的声音，进行主绝缘电阻测试得出阻值为 50 MΩ，判断得出 B 相电缆发生故障。其后对 A、B 两相进行接地，对 C 相进行耐压试验，升压至 180 kV 时，突然击穿，并且很清楚听见终端内传出

“嘭”的声音，对其进行主绝缘电阻测试得出阻值为 70 MΩ，判断 C 相电缆发生故障。因临近学生中考，需迅速对故障点进行精确定点。其现场工作图如图 239 所示。

图 239 现场主绝缘交流耐压试验照片

主绝缘交流耐压试验数据如图 240 所示。

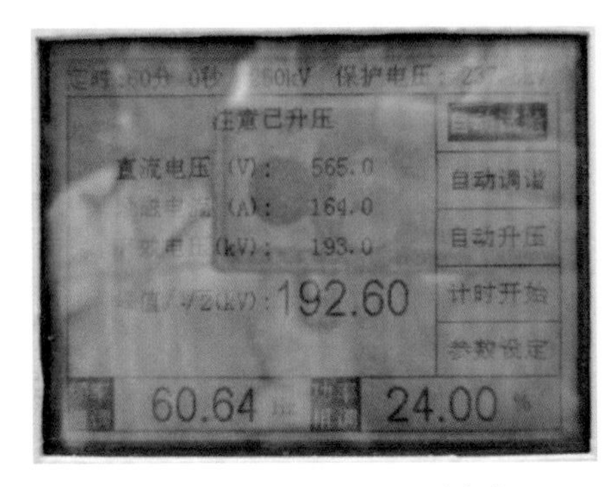

(a) B 相升压至 192.6 kV 时击穿

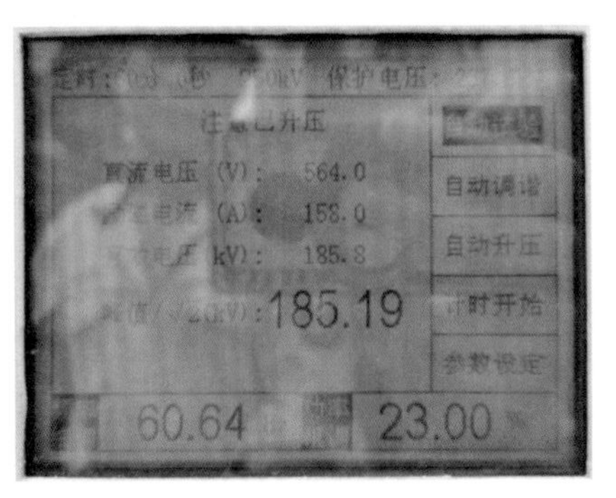

(b) C 相升压至 185.19 kV 时击穿

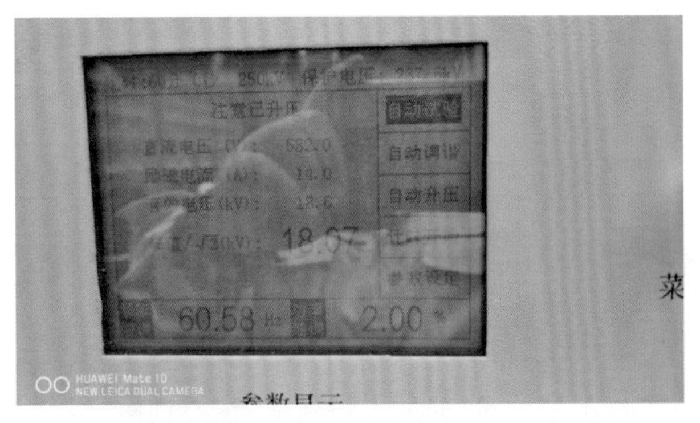

(c) 检查接线后，再次升压最高到 18.07 kV 时击穿

图 240 主绝缘交流耐压试验数据

2. 判断故障性质

本次电缆耐压时发生故障的两相电缆为 B、C 两相，在其被击穿后，测试人员分别对其使用绝缘电阻表测试，其阻值分别为 50 MΩ 和 70 MΩ，故障性质均为高阻接地故障。

3. 故障预定位

初步判断故障性质后，对电缆故障点进行预定位。

本次电缆发生故障为耐压时发生，对端为 GIS 设备，且导电杆已经拆除，因此不具备使用智能电桥和低压电桥的条件。装导电杆需要一定时间，由于临近中考，需快速对故障进行定位。在耐压升压击穿时，听到终端内传出“嘭”的声音，可以初步判断为终端内部发生击穿。

使用 LIRA 宽频阻抗仪对其进行测试，宽频阻抗谱图如图 241 所示，从图中可以看出，接头和终端位置可见，无其他异常阻抗不匹配点，击穿点有可能在其盲区内，进一步验证了击穿点发生在终端内。

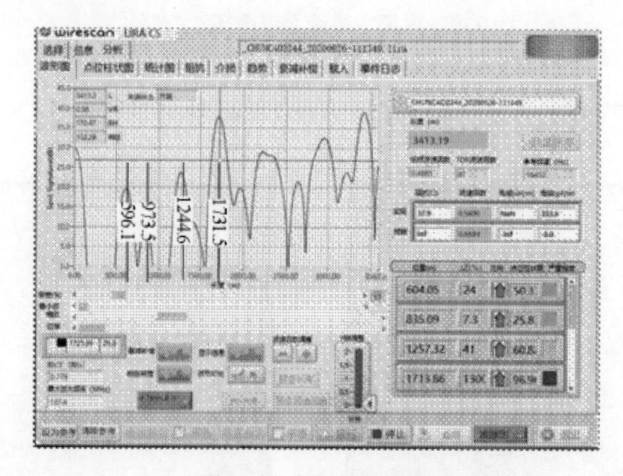

图 241　宽频阻抗谱图

因此为节省时间，可直接进行故障精确声测定点，验证初步判断。

4. 电缆路径查找

根据预定位测量结果，对该条线路的电缆路径资料进行查找，其结果如图 242 所示，图中标示出了接头位置。

图 242　电缆路径示意图

5. 故障精确定点

采用成套电缆声测定点仪器对故障段进行精确故障定位，其测试过程如下：本次故障测寻初测为终端内故障，可直接声测定点验证是否在终端内。连接好成套电缆声测定点仪器后分别对 B、C 两相进行试验，升压后，当球间隙发生击穿形成冲击电压时，可以清晰听到终端内有放电声，验证了之前的判断，故障点在电缆终端内。至此，故障测试仅用时 40 min 找出故障两相 B、C 两相的故障点。

（三）停电消缺

1. 现场检查

将电缆终端从电缆线路上锯断取下，对其进行解剖，结果如图 243 所示。由图可知，电缆终端预制件内电缆半导电断口上方 3 cm 处，电缆绝缘发生击穿故障。

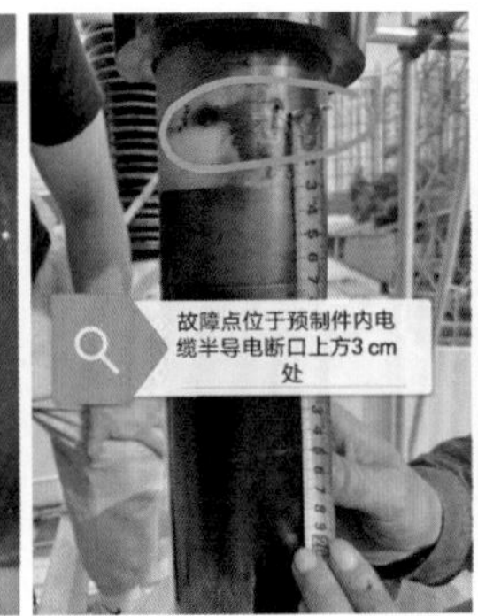

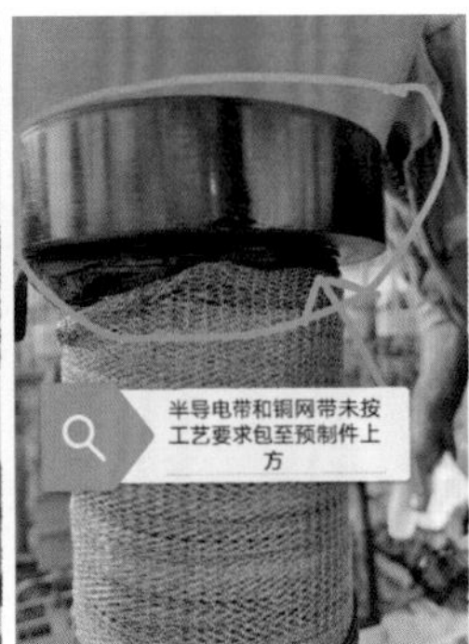

图 243　电缆终端解剖图

2. 击穿原因分析

由图 243 可知，击穿的主要原因是电缆附件安装人员未按照图纸施工，半导电带和铜网带未包至预制件上方，造成通电后预制件表面未包铜网处与包铜网处存在电位差，形成放电通路，从而在耐压通电一段时间后引发放电击穿。

3. 消缺过程

现场重新制作两套电缆终端接头，毕后进行交流耐压试验合格。

（四）小结

（1）本次故障发生在电缆主绝缘交流耐压时，且 B、C 两相均在升压至 190 kV 左右时发生击穿故障，且在击穿时都听见终端内传出明显放电声，进行故障性质判断时，其绝缘阻值均为 60 MΩ 左右，都是高阻故障。因此很大可能是由于相同的制造工艺及接头工艺问题导致的。

（2）而本次由于是耐压故障，对端的 GIS 内电缆的导电杆拆除，不具备使用电桥法进行故障初测的条件。出于抢修时间上的考虑，在故障测试时首先可以使用行波测距的方式进行故障测寻。又因为在电缆耐压击穿时已经听到终端内有放电声音，所以很大可能是终端内故障，故直接对其进行声测定点，这可以大大缩减了故障测寻的用时，为后续电缆终端的故障消缺争取时间。

（3）电缆接头为电缆线路中的薄弱环节，本次耐压试验故障再一次说明了耐压试验作业对于检测接头质量的重要性，对于运行工作来说，必须严格执行耐压试验作业要求，加强电缆接头质量监控。

案例十七

交流耐压试验发现 110 kV 电缆缺陷

（一）案例经过

在对 110 kV 某电缆故障修复后耐压试验时，运用变频交流耐压试验技术手段，成功发现该电缆 C 相电缆存在故障，经故障测寻后发现新制电缆接头发生击穿。重制电缆接头后再次试验合格后恢复供电。

（二）检测过程及分析

1. 发现故障

该电缆全长约 2 468.3 m，属于故障修复后线路，C 相电缆串联谐振耐压试验时加压到试验电压 128 kV 持续了 5 min，操作箱进入放电保护状态，耐压后测量该相绝缘测试阻值约为 4.6 GΩ，与耐压前绝缘电阻相比有了明显的下降，但电阻依旧很高。变频交流耐压试验现场如图 244。

图 244 变频交流耐压试验现场

2. 判断故障性质

该电缆两侧变电站线路侧接地闸刀均拉开，耐压后工作人员在测试端用 5 kV 绝缘电阻表进行绝缘电阻测试，A 相绝缘电阻值为 25.5GΩ，B 相为 17.09GΩ，C 相 4.6GΩ，与耐压前绝缘电阻相比有了明显的下降，怀疑是 C 相发生了单相高阻接地故障，如图 245 所示。多次交流耐压试验后，试验电压加至 40kV 左右便进入发电保护状态，每次加压后均对 C 相绝缘电阻进行测试，最低一次为 774 MΩ，随着加压次数的增加，故障相绝缘电阻会有上升的迹象，如图 246 所示。由此判断 C 相电缆线路发生了高阻闪络性故障。

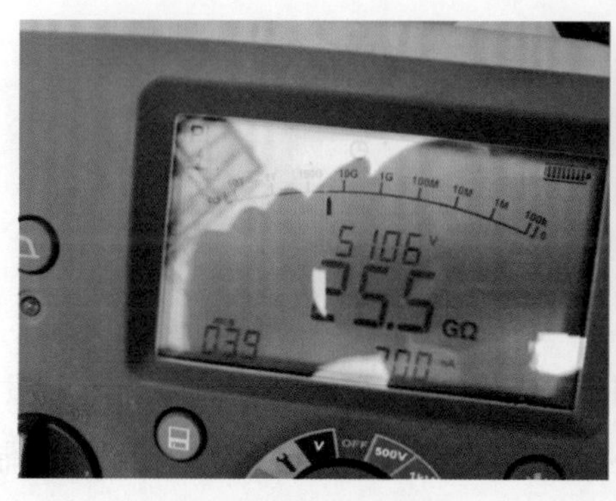

(a) A 相绝缘电阻数据

(b) B 相绝缘电阻数据

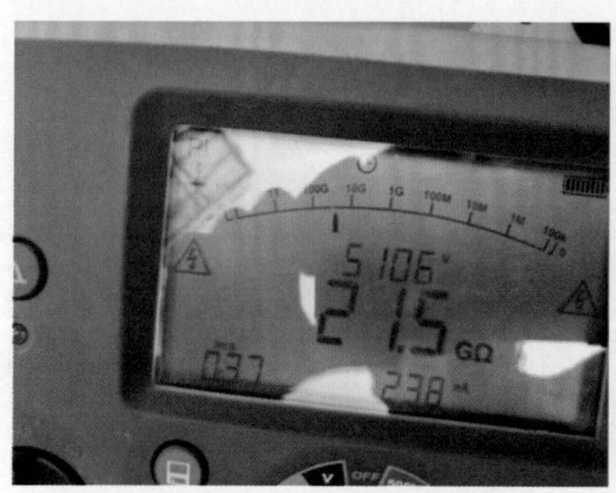

(c) 耐压前 C 相电缆绝缘电阻数据

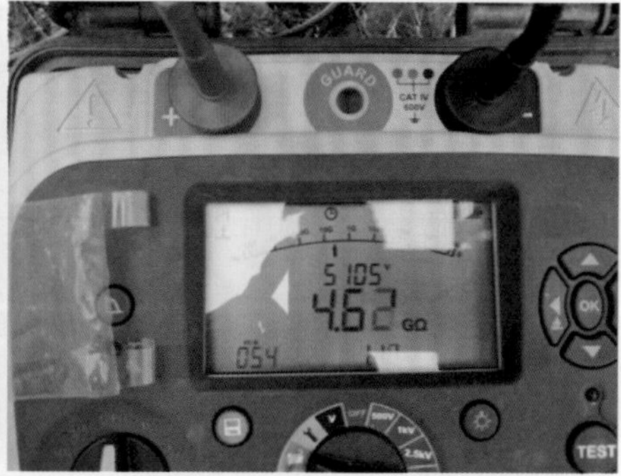

(d) 耐压后 C 相电缆绝缘电阻数据

图 245　绝缘电阻测试

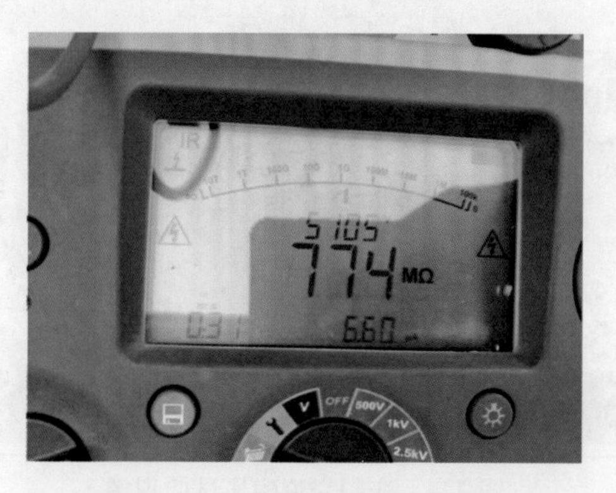

图 246　C 相绝缘电阻试验最低值

3. 故障预定位

由于故障相电缆绝缘电阻非常高，为方便进行故障定点，决定先使用直流设备对故障相进行烧穿降阻工作，经过长时间的直流加压，电阻依旧很高，效果并不明显。之后决定换回交流耐压设备，配合 T903 电缆故障测试仪，如图 247 所示，将测试仪接在测试端的接地回路上，通过采集放电时从接地回路传回的电流信号对故障点进行预定位，接线图如图 248 所示。

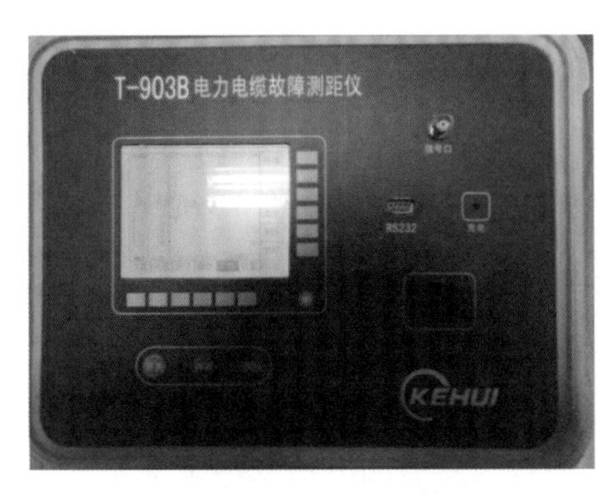

图 247　脉冲电流法

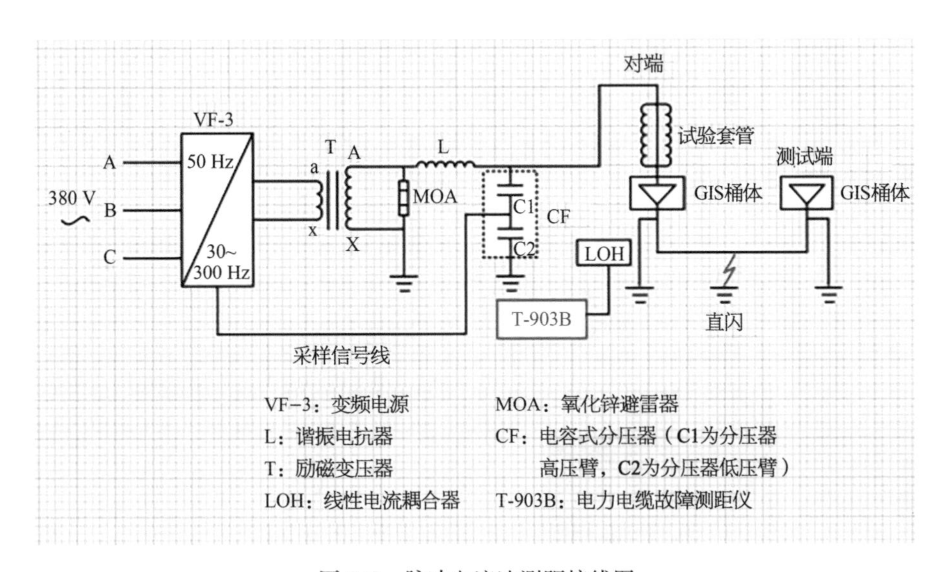

图 248　脉冲电流法测距接线图

（1）使用 T903 电缆故障测试仪进行测距，使用脉冲电流法测试，由于电缆长度为 2 468.3 m，故测试距离选择 4 km，波速为 172 m/μs，虽存在一定的杂波，但波形较为明显，故障距离约在 1 224.6 m，测试结果如下图 249(a)所示。

（2）为提高故障测距的精度，反向采集接地电流的信号再次使用脉冲电流法进行测试，故障距离约在 1 259 m，测试结果如下图 249(b)所示。

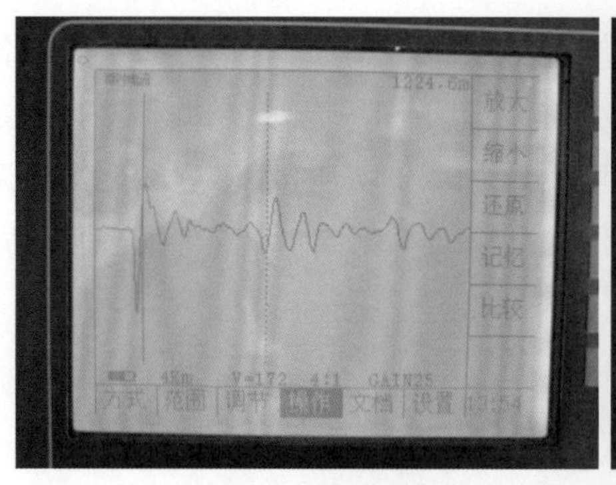

(a) 第一次测距结果

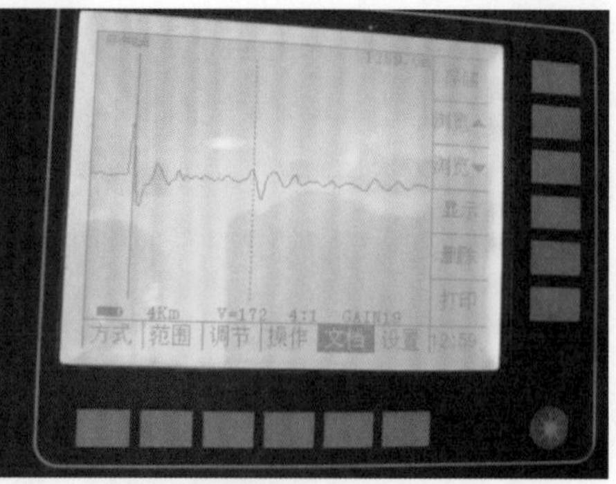

(b) 第二次测距结果

图 249 T903 测试故障距离结果

(3) 由两次测量所得的数据取平均值,故障预定位的结果为故障点距离测试端 1 241.8 m。

4. 电缆路径查找

根据预定位测量结果,对该条线路的电缆路径资料进行查找,其结果如图 250 所示。

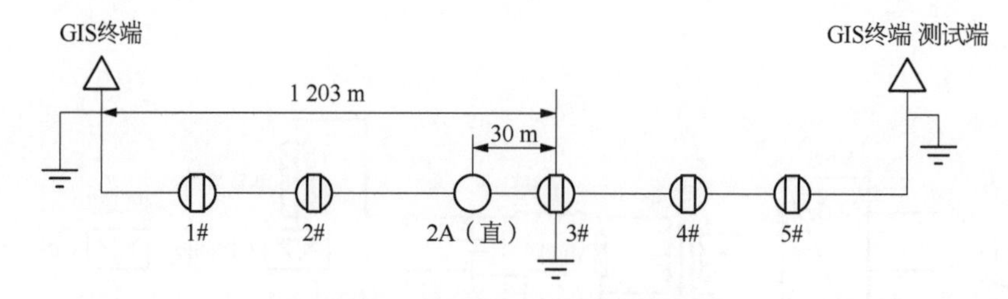

图 250 电缆线路接头位置分布图

5. 故障精确定点

通过脉冲电流法可知故障点大致在距离测试端 1 241.8 米的地方,由接头位置分布图可发现,2A 直线头距离测试端 1 173 m,3 号头距离测试端 1 203 m,均与故障预定位的结果比较接近。在测试端施加交流耐压,现场人员先后前往 3 号绝缘头和 2 A 直线头的接头井处进行听测,结果从 2 A 接头处传出振动声,在加压过程中,电缆绝缘电阻下降至 284.8 kΩ,现场人员决定用声测法对结果进行验证,如图 251 所示。现场声测法接线图如图 252 所示。

图 251 声测法

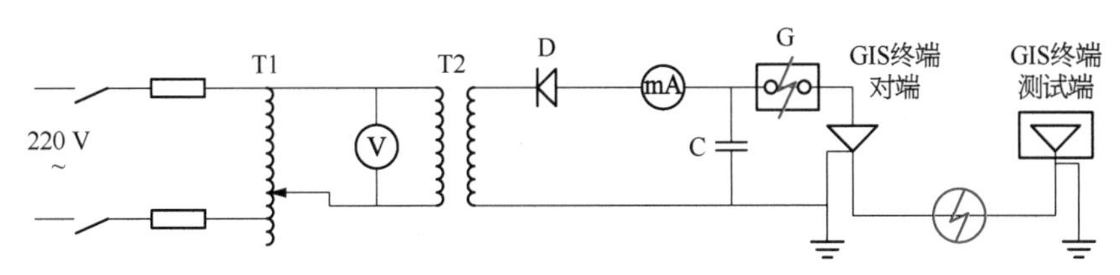

图 252　声测法接线图

声测试验主要设备及其容量如下：

(1) T1——接触式调压器(3 kVA)；

(2) T2——试验变压器(4 kVA)；

(3) D——高压硅整流器(2CL－150 kV/1 A)；

(4) G——放电球间隙(直径 20～25 mm)；

(5) C——电容器(10 μF)。

声测设备放置在对端 GIS 终端侧进行测试，根据之前脉冲电流法得出的结果，故人员优先前往 3 号绝缘头处进行听测，未听见明显的振动声，而后现场人员前往距离 3 号绝缘头距离较近的 2A 直线头处听测，听到明显的放电振动声，由此判断故障点在 2A 直线头处，由此确定了故障点在该直线头处。

(三) 停电消缺

重制 2A 直线接头，后重新进行耐压试验，合格后恢复送电。

(四) 小结

(1) 本次测试的故障点残压值非常高，无法使用烧穿法降阻，在此类情况下，应采取交流烧穿作业方式降低电缆残压值。

(2) 本次试验作业首次采用交流设备配合 T903 电缆故障测试仪的脉冲电流法进行故障点的预定位，此类方法的接线位置要求较高，必须在电缆尾管接地处引出线性耦合器进行测试。

案例十八

宽频阻抗谱检测技术发现 110 kV 某电缆线路缺陷

(一) 案例经过

某电缆发生 B 相故障跳闸，对电缆进行故障测试，判断该相电缆存在高阻故障，后经过故障性质判断，经智能数字电桥与宽频阻抗谱测试检测对故障进行预定位，查找电缆路径并进行故障精确声测定点后，申请设备停役并进行消缺工作。相关消缺作业完成，耐压试验合格后送电，缺陷消除。

(二) 检测过程及分析

1. 发现故障

该电缆全长 2 739.3 m，由于电缆发生故障，进行电缆故障测试，在试验端电站采用故障相绝缘电阻遥测，此时气温为 23 ℃，湿度为 60%，绝缘测试阻值约为 2 MΩ，判断得出 B 相电缆发生高阻故障。如图 253 所示。

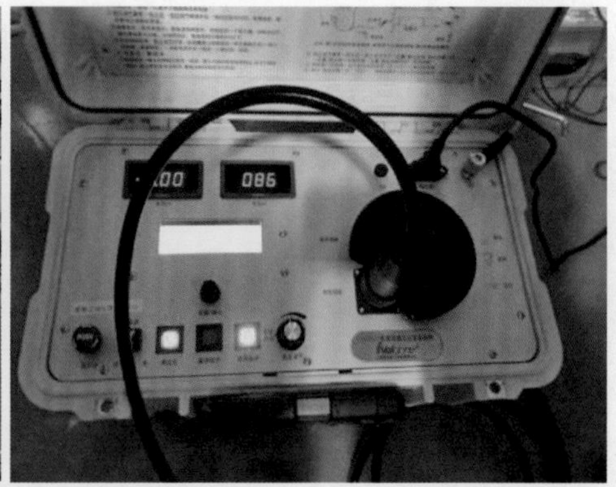

图 253　故障测试现场照片

2. 判断故障性质

(1) 本次跳闸时发生故障的电缆为 B 相,在其被击穿后,首先断开电缆两端 GIS 设备的线路闸刀,拆除 GIS 终端的接地排,通过接地闸刀的接地桩接引线。如图 254 所示。

(2) 测试人员在试验端进行绝缘测试,5 000 V 绝缘电阻表测得阻值为 2 MΩ,此时怀疑电缆击穿后绝缘处于高阻故障。

(3) 采用智能电桥、低压电桥进行故障粗测。

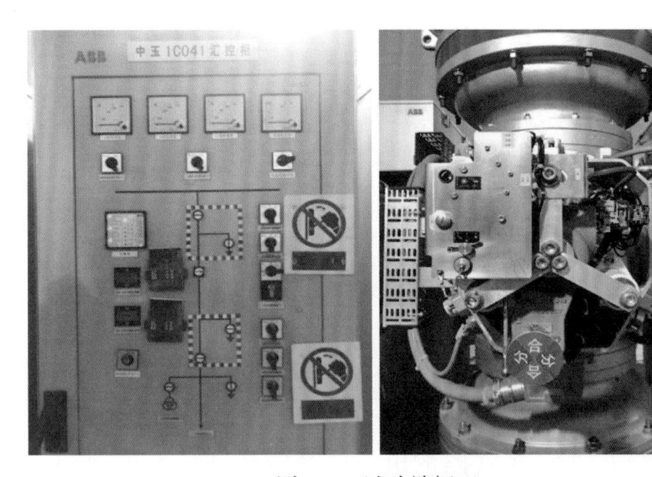

图 254　试验端闸刀

3. 故障预定位

初步判断故障性质后,对电缆故障点进行预定位。所检测的地点为试验端电站,在对端跨接 AC 相,在试验端使用电缆故障定位智能数字电桥对其进行测试,电流加到 91 毫安,电缆故障定位智能数字电桥如图 255 所示,从图中可以看出,测得故障距离为 809.3 米。

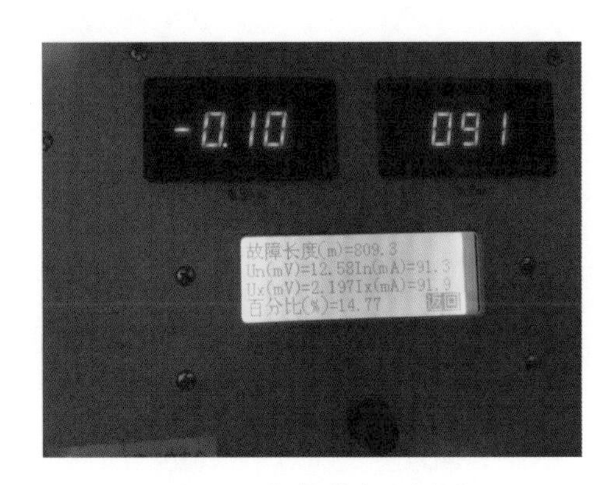

图 255　智能数字电桥图

同时使用宽频阻抗仪对其进行测试，宽频阻抗谱图如图 256 所示，从图中与好相的数据进行对比可以看出，测试故障距离为 855 米。

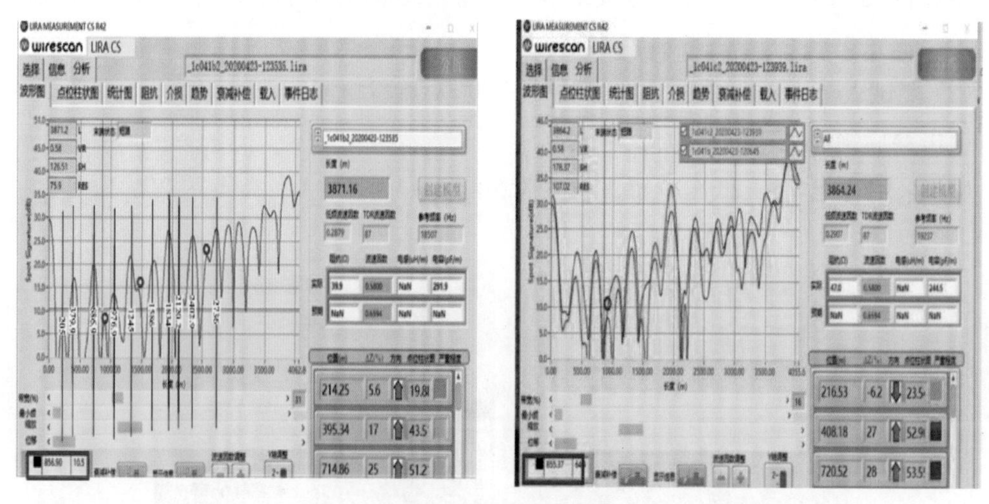

图 256　宽频阻抗谱图

因此为节省时间，可直接进行故障精确声测定点，以验证初步判断。

4. 电缆路径查找

根据预定位测量结果，对该条线路的电缆路径资料进行查找，见表 33，其结果如图 257 所示，图中标示出了接头位置。

表 33　电缆总体信息

电缆名称	电缆型号	长度(m)	截面积	装置日期	登录日期
*-1	YJLW03	334.1	1×630	2009/12/29	2009/12/30
1-2	YJLW03	282.7	1×630	2009/12/29	2010/01/01
2-3	YJLW03	286	1×630	2009/12/29	2018/08/31
5-6	YJLW03	269.5	1×630	2009/12/29	2018/08/31
6-7	YJLW03	290.4	1×630	2009/12/29	2010/01/01
7-8	YJLW03	307.9	1×630	2009/12/29	2009/12/30
8-8A	YJLW03	175	1×630	2009/12/29	2013/12/10
8A-$	YJLW03	205.3	1×630	2013/10/18	2013/12/11
3-4	YJLW03	247.2	1×630	2018/06/10	2018/08/31
4-5	YJLW03	341.2	1×630	2018/06/10	2018/08/31

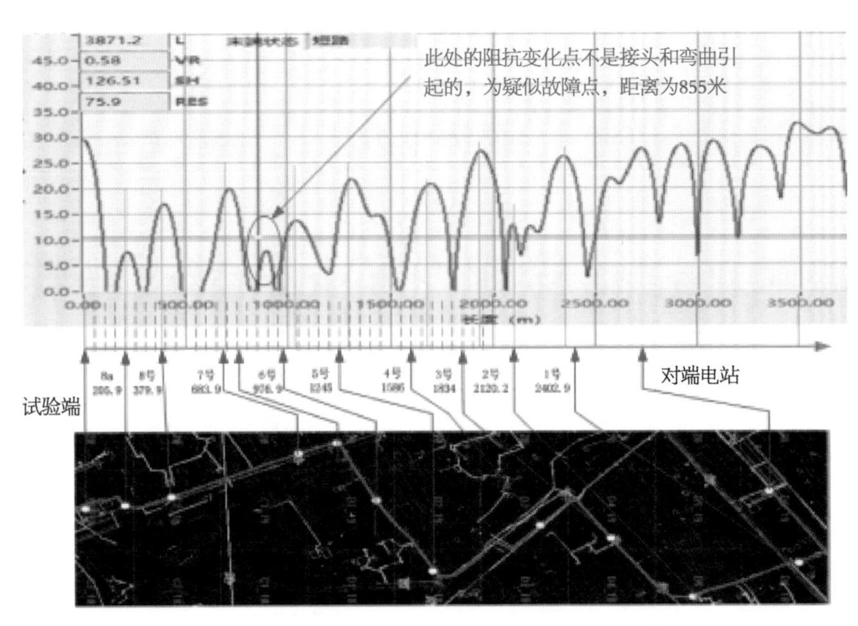

图 257 故障段电缆示意图

5. 故障精确定点

采用成套电缆声测定点仪器对故障段进行精确故障定位，其测试过程如下：

(1) 故障初测的测试故障距离在 809～855 米之间，怀疑故障点可能就在 6 号接头处，加压后，下到电缆接头井内，接头外观完好，在电缆接头旁边听不到明显声音，只有微弱声音传来，且此声音在 7 号接头也存在，即判断故障点可能位于排管内。

(2) 继续使用声测法，烧穿放电，人员在 6 号、7 号接头之间听放电的声音，在 6 号～7 号头中间有施工，在施工处听到放电声音最大，判断此处为故障点。

(三) 小结

(1) 一般试验发生的故障为闪络故障且均在接头位置，封闭性故障也多在接头位置，本次测试的故障为典型的疑难本体封闭性故障，放电声音弱，封闭在本体内部，加上敷设深度较深，导致听不到放电声音。

(2) 电缆拉出后测得故障点距试验端约 849 m，故障点在排管内，且附近有道路施工，这也可能是实际路面定点仪声音不明显的原因。

案例十九

交流耐压试验检测220kV某电缆线路

（一）案例经过

对超长220kV电缆线路进行变频交流耐压试验，对该线路进行电缆绝缘健康水平诊断。检测表明，该电缆绝缘状态良好，无局部放电现象，可投入使用。

（二）检测过程及分析

1. 试验项目

（1）核相：电缆两端相位一致，并与两端电网相位相符合。

（2）耐压前、后电缆主绝缘电阻测量：使用10kV兆欧表测量，绝缘电阻值在耐压前后不应有显著下降。

（3）主绝缘交流耐压试验：使用串联谐振装置进行交流耐压，每相试验电压216kV，试验时间60min，不击穿。

2. 试验设备

（1）1块FLUKE15B型数字万用表；

（2）1台FLUKE1555型绝缘电阻测试仪；

（3）2套450kW无局部放电变频电源；

（4）2套450kVA无局部放电励磁变压器；

（5）6台250kV/36H/50A谐振电抗器；

（6）1台250kV/2000pF电容分压器；

（7）1批电缆线、高压线等附件。

3. 试验流程

主绝缘相对地的交流耐压值为$1.7U_0$（$U_0=127$kV）：216kV/60min。

此线路为127/220kV回路，共三相电缆。电缆长度18.45km，规格$1\times800\ mm^2$。

每相电缆的电容量为：$C_x=2.86\mu F$(按 0.155 $\mu F/km$ 计算)，本次试验采用串联谐振交流耐压试验，接线图如图 258 所示。

将 4 台电抗器并联后与电缆负载组成串联回路，另外 2 台电抗器并联接地作为补偿，总电感量为 6 H。计算试验频率 $f=38.42$ Hz，总试验高压输出电流(计算值)：$I=U\omega C=149$ A，励磁变输出电流为 99.33 A，补偿电流为 49.67 A，输出端容量(kVA) $P=216$ kV × 99.33 A = 21 455.28 kVA，试验设备 Q 值按 70 计算，则输入端的电源容量为 306 kW，变频电源的额定功率为 900 kW 完全满足试验需要。

选用 2 kV/350 V 励磁变挡位(先期选挡，现场按实际情况调整)，变频电源输出电流 567 A。

通过以上计算数据说明：电抗器的额定电流能够满足试验要求；变频电源的容量满足试验要求。

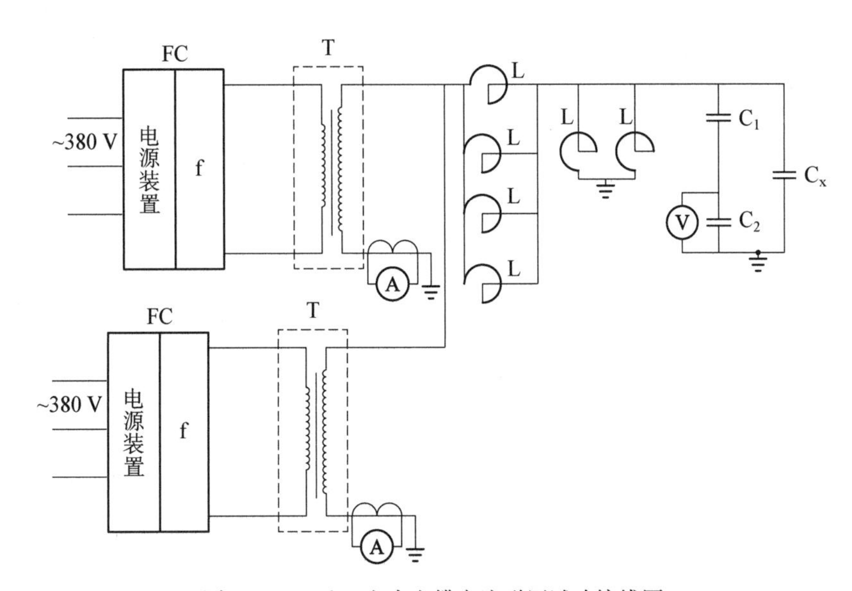

图 258 220 kV 电力电缆交流耐压试验接线图

图中：FC——450 kW/20～300 Hz 变频电源；T——励磁变压器；C_1——分压器高压臂 250 kV/2 000 pF；C_2——分压器低压臂电容；V——电压表；A——钳型电流表；L——谐振电抗器；C_x——电缆等效电容器。

(三) 试验过程

1. 现场布置

以 A 相试验为例，高压线连接到 A 相油终端的高压端接线铜排，并在 A 相接线铜排处安装直径为 800 mm 的均压罩，高压线外配置直径为 150 mm 的波纹管。如图 259～图 262 所示。

图 259　设备进场预设

图 260　试验电抗器预设位置

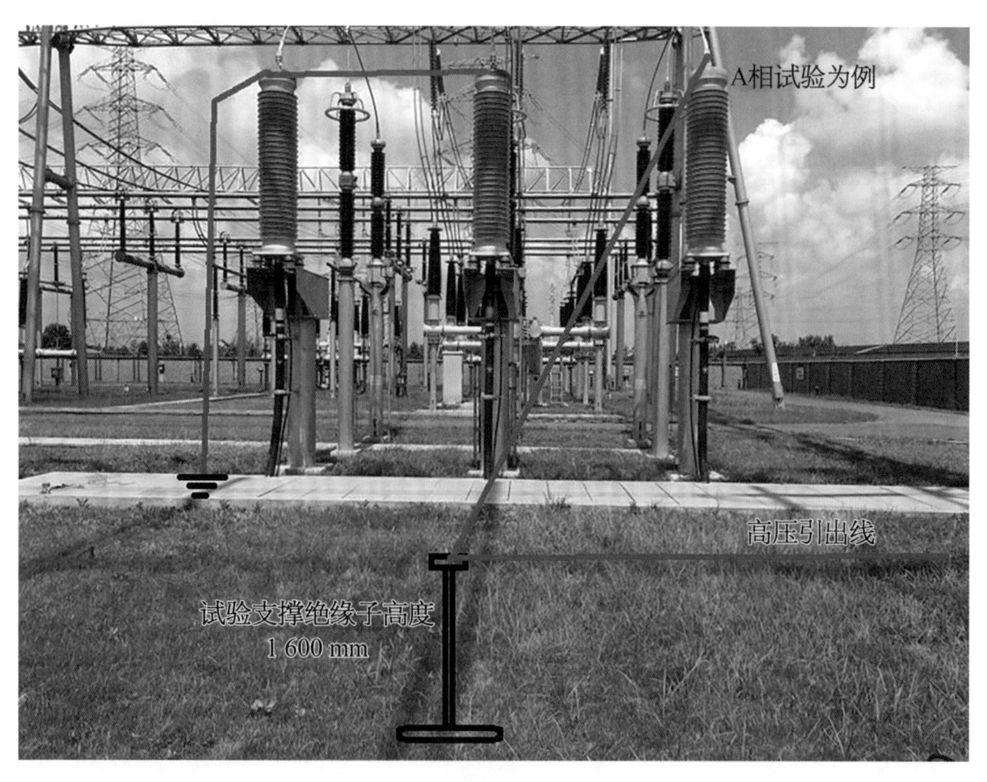

图 261　试验接线位置预设

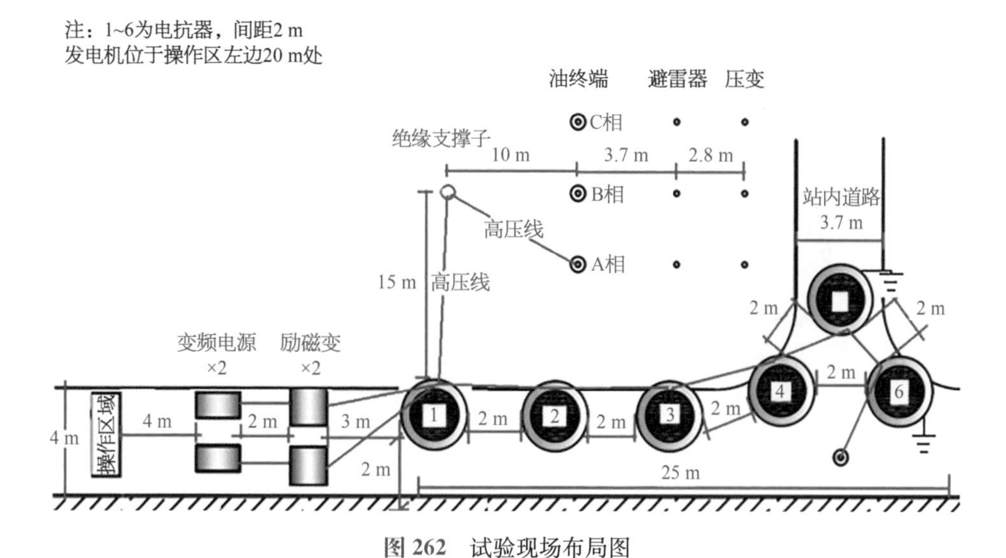

图 262　试验现场布局图

2. 试验现场

试验现场及设备如图 263～图 265 所示。

经过变频交流耐压试验，实验结果如图 266 所示。试验证明，该电缆线路耐压

图 263　试验现场

图 264　线路压变 GIS 终端

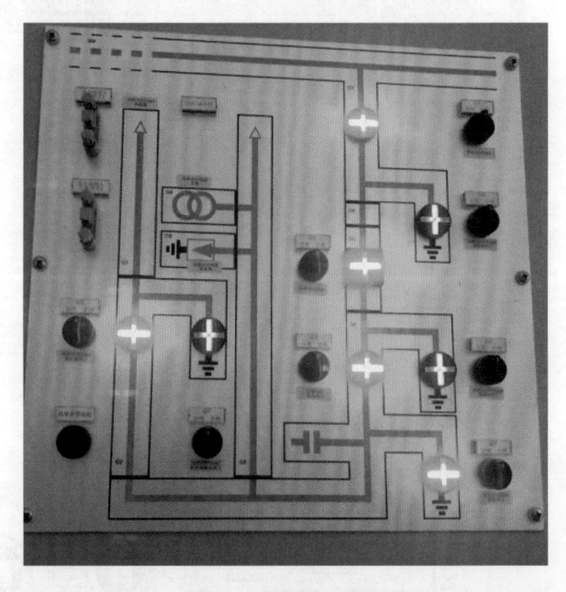

图 265　线路开关柜

(四) 试验结果

经过变频交流耐压试验，实验结果如图 266 所示。试验证明，该电缆线路耐压合格。

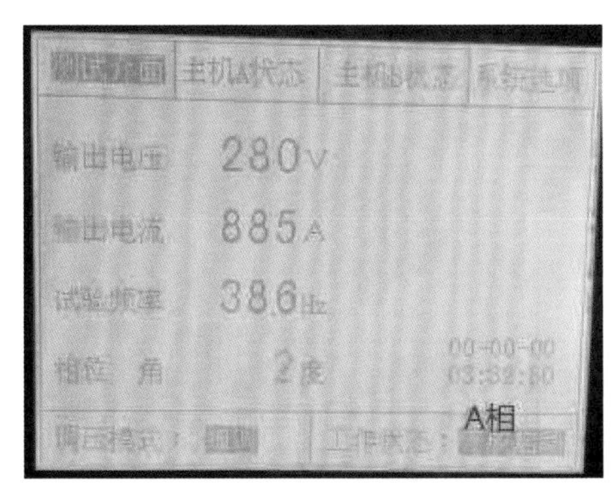

(a) A 相交流耐压试验结果

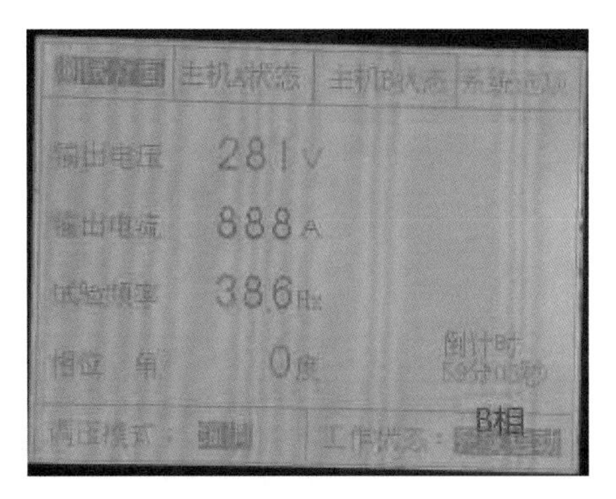

(b) B 相交流耐压试验结果

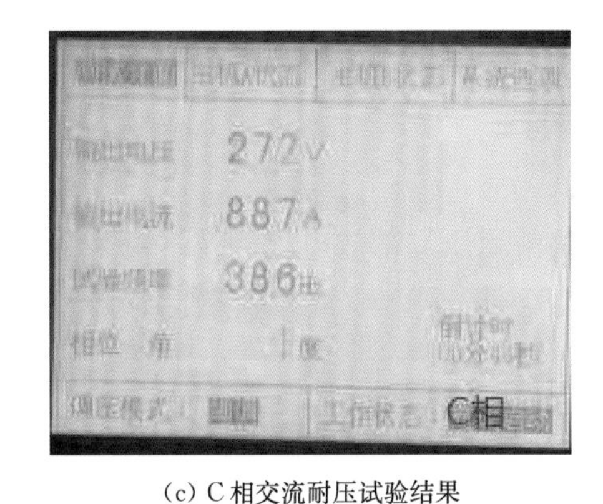

(c) C 相交流耐压试验结果

图 266　交流耐压试验结果

(五) 小结

(1) 本次 220 kV 电缆长度为 18.45 km，是一次超长距离交联聚乙烯电缆的变频交流耐压试验。

(2) 本次试验通过将两组励磁变压器、操控柜并联的方式，分流大电流，使试验电路中各设备在容许电压电流范围内工作，同时满足试验要求，为今后其他长距离电缆试验提供了良好的借鉴。

案例二十

振荡波耐压局部放电检测 220 kV 某高压电缆

(一) 案例经过

在停电状态下利用振荡波耐压局部放电检测技术对某 220 kV 高压电缆线路进行电缆绝缘健康水平诊断。检测表明,该电缆绝缘状态良好,无局部放电现象,可正式投入使用。

(二) 检测过程及分析

振荡波耐压局部放电检测技术是近年来国内外密切关注的一种用于电力电缆状态检测的新兴技术,其技术实质是用阻尼振荡波电压代替工频交流电压作为测试电压,在此基础上紧密结合符合 IEC 60270 标准要求的脉冲电流法局部放电现场测试、基于时域反射法的局部放电源定位和基于振荡波形阻尼衰减的介质损耗测量多种手段。图 267 为高压电缆振荡波耐压局部放电检测系统的结构示意图。

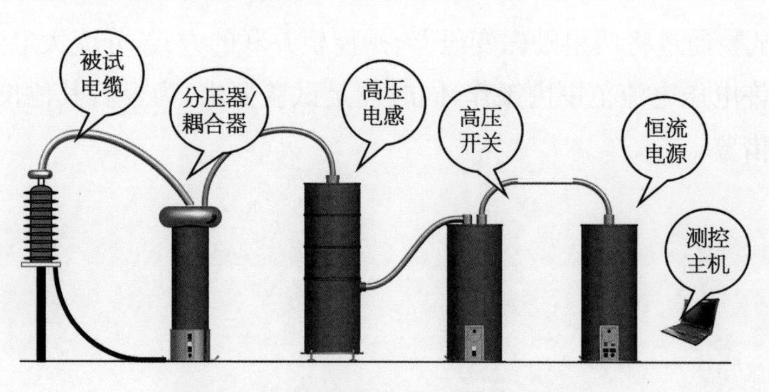

图 267 振荡波耐压局部放电检测系统

(三) 试验过程

1. 试验流程(图 268)

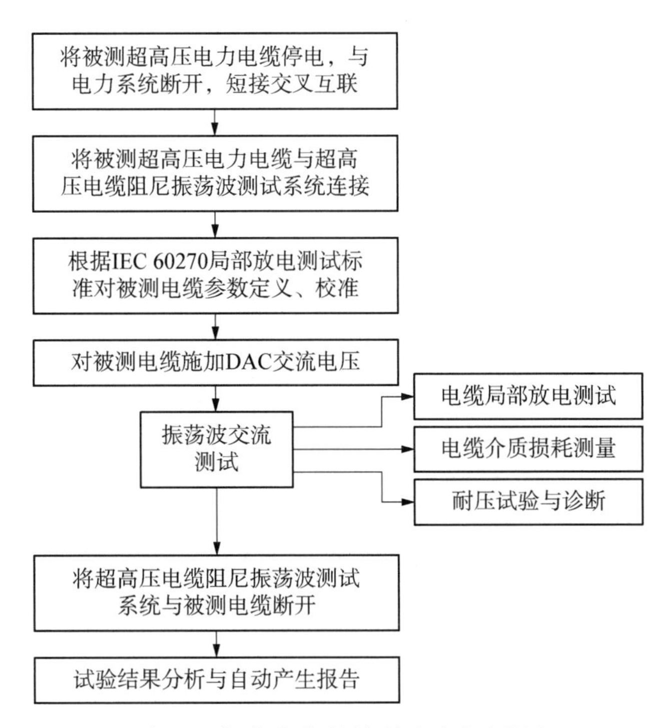

图 268 振荡波耐压局部放电试验流程图

试验电压升压方式采用阶梯式升压，升压顺序和试验次数见表 34。

表 34 加压顺序

电压等级	电压等级($\times U_0$)	加压次数	测试目的
110 kV	0	1 次	测量环境背景噪音水平
	0.5、0.7、0.9	3 次	(1) 测试局部放电起始电压 (2) 测试电缆在 1.0U_0 电压下的局部放电情况 (3) 电缆在 1.4U_0 电压下测试局部放电熄灭电压
	1.0	3 次	
	1.1	3 次	
	1.2	3 次	
	1.3	3 次	
	1.4	5 次	
	1.0	3 次	
	0	1 次	测量环境背景噪音水平

2. 现场设备连接

现场连线如图 269 所示。系统各部件严格按要求接地，待测相的电缆线芯接地，周围悬浮金属体全部可靠接地。系统与被测线路高压部分确保足够的安全距离，被测电缆终端做好均压处理。检测系统中，分压器/耦合器的分压精度在 1.5%以内（出厂检验用电的标准分压器精度满足 0.2%以内），恒流电源高压塔的恒流充电精度满足 1%以内。

图 269　试验现场

3. 电缆全长测试

在测试端终端测量电缆全长的波形如图 270 所示，现场实测电缆全 2 519 m（波速度 170 m/μs）。

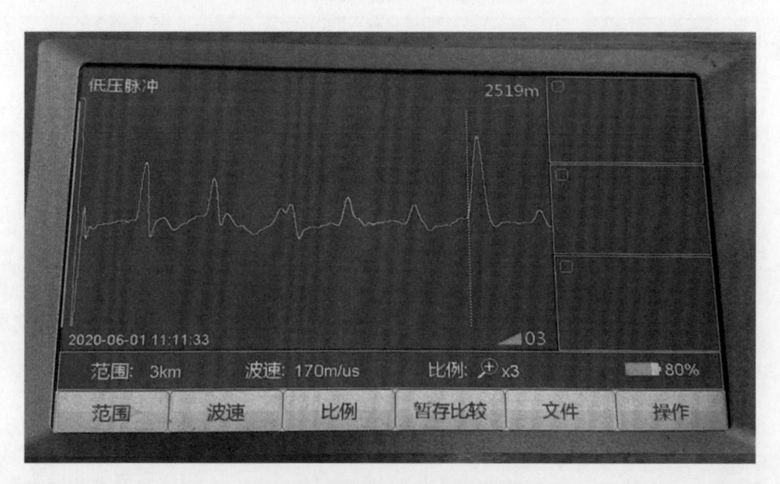

图 270　电缆全长测量波形图

4. 振荡波耐压局部放电测试

(1) 局部放电校准。

由于测量数据结果的准确性与校准的准确性有很大关系，因而标准放电脉冲校准尤为重要。根据 IEC 60270 要求，阻尼振荡波测试前必须通过标准脉冲发生器输出从大到小分别校准，以确保校正系数的准确性和可靠性，校准的放电量从 100 nC 至 500 pC 结束，在 500 pC 校准波形下，反射波已经基本不可见。图 271 为电缆 500 pC 标准脉冲局部放电校准波形，图 272 为电缆 100 nC 标准脉冲局部放电校准波形，校准波速为 167 m/μs。

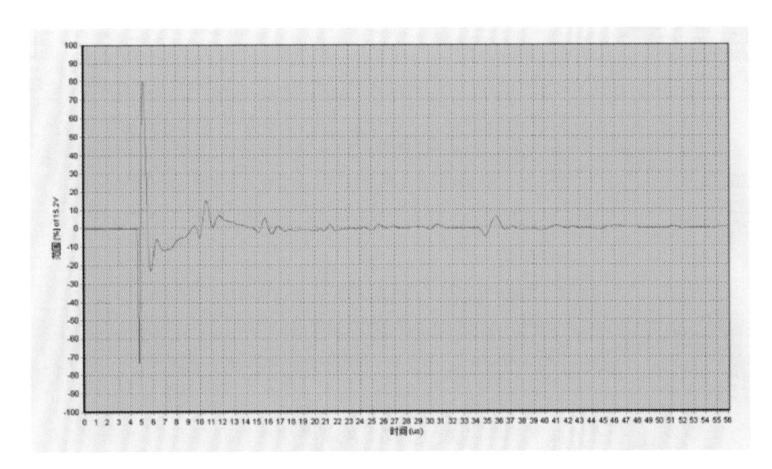

图 271　500 pC 标准脉冲局部放电校准波形

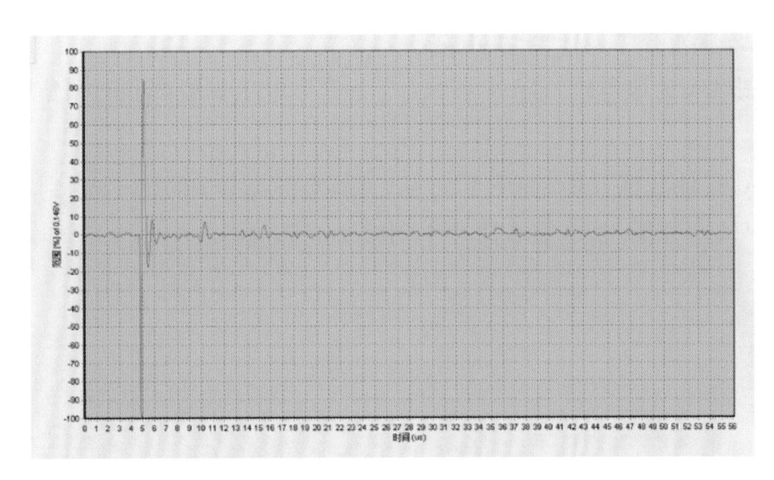

图 272　100 nC 标准脉冲局部放电校准波形

(2) 加压测试。

该线路未加压(0 kV)时三相所测背景噪声如图 273～图 275 所示，图中现场背景噪音水平约为 588 pC、504 pC、207 pC。

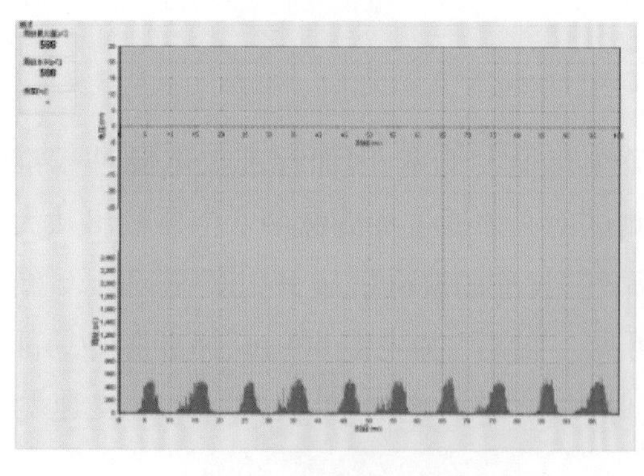

图 273　A 相 0 kV 背景

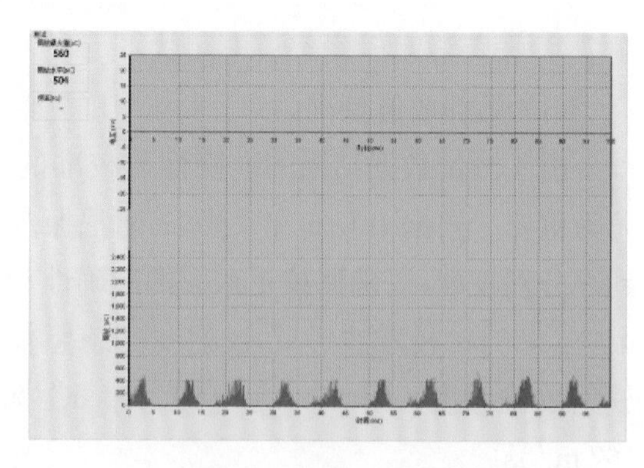

图 274　B 相 0 kV 背景

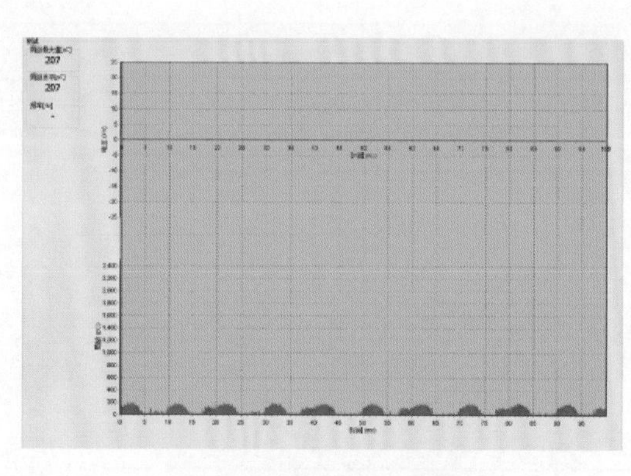

图 275　C 相 0 kV 背景

该线路由 $0.5U_0$ 开始加压，按照预定的加压顺序进行加压测试，最高加至近 $1.4U_0$；试验过程中阻尼振荡正常，数据采集正常。

图 276～图 281 为该电缆线路在 $0.5U_0$～$1.4U_0$ 电压等级试验时采集的振荡波形及局部放电信号。

根据现场获得的数据分析，加压至 $1.4U_0$ 后，电缆本体和附件检测到明显超过背景的局部放电信号，经分析，非电缆本体和中间接头局部放电。

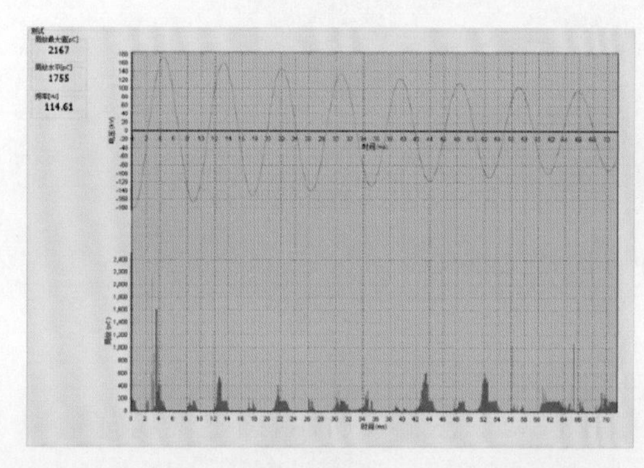

图 276　A 相 $1.0U_0$（峰值 181.0 kV）振荡波形及局部放电信号

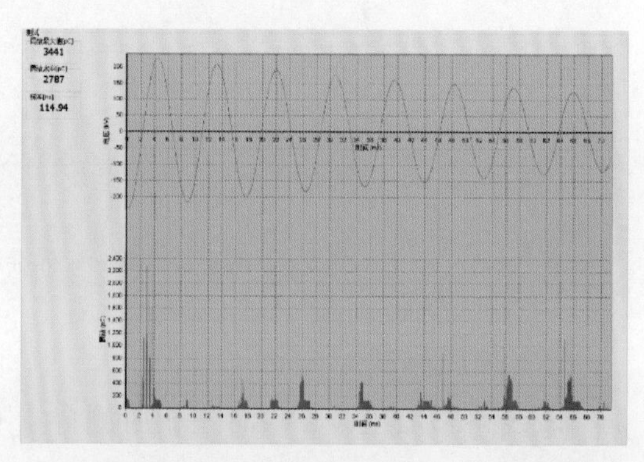

图 277　A 相（黄）$1.4U_0$（峰值 250.0 kV）振荡波形及局部放电信号

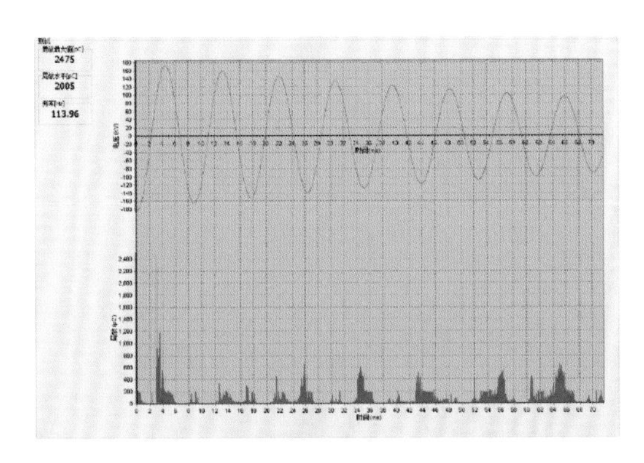

图 278 B 相(绿)1.0U_0(峰值 181.0 kV)振荡波形及局部放电信号

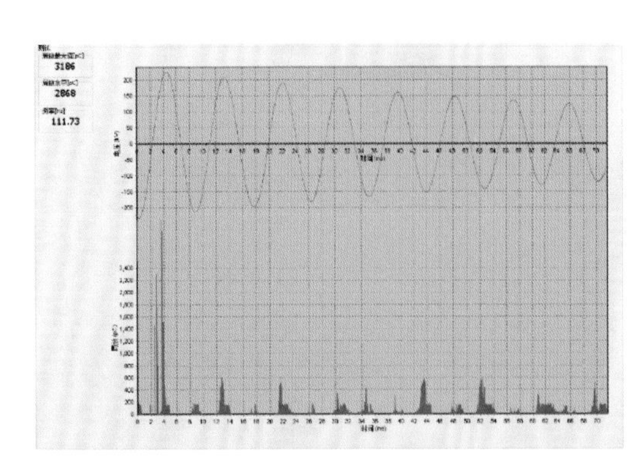

图 279 B 相(绿)1.4U_0(峰值 250.0 kV)振荡波形及局部放电信号

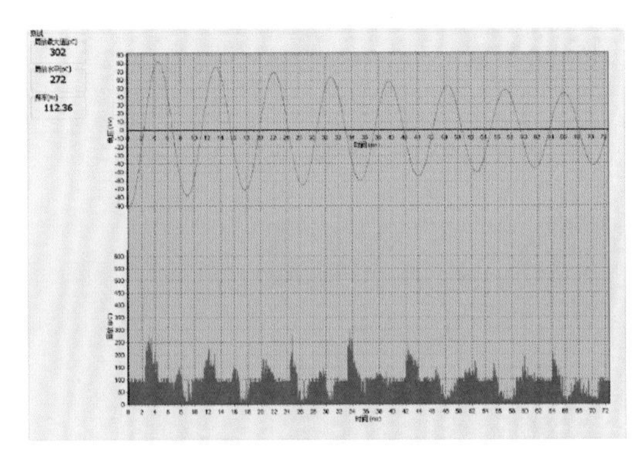

图 280 C 相(红)1.0U_0(峰值 181.0 kV)振荡波形及局部放电信号

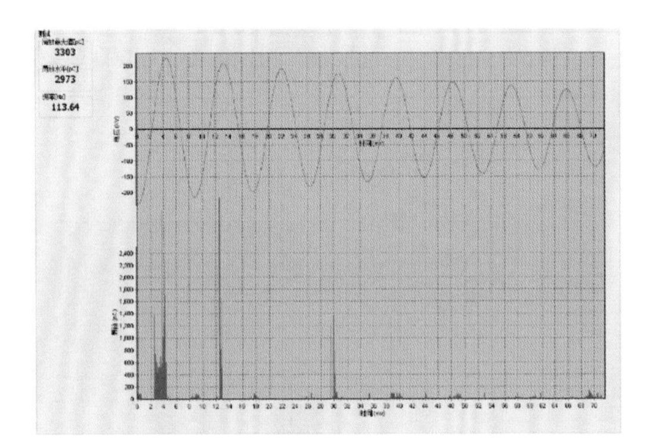

图 281 C 相(红)1.4U_0(峰值 250.0 kV)振荡波形及局部放电信号

该线路在 1.0U_0 加压时所测介损值如图 282～图 284 所示。

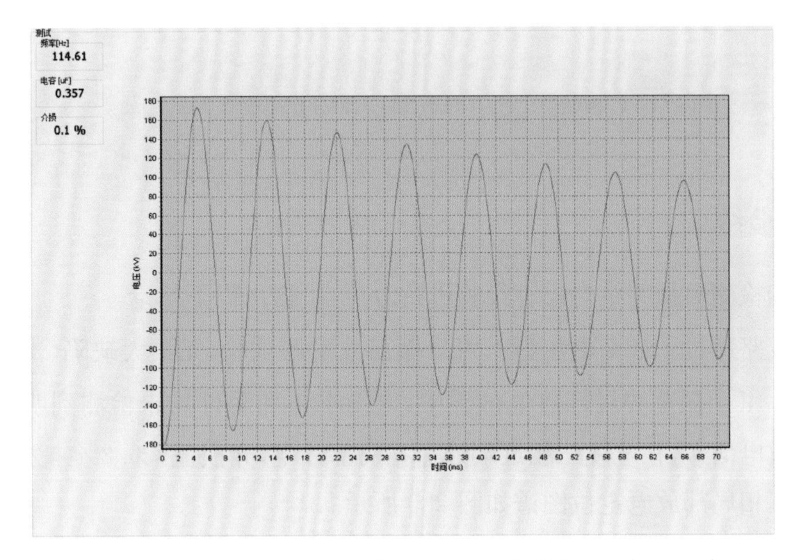

图 282 A 相(黄)1.0U_0(峰值 181.0 kV)介损值 0.1%<0.2%

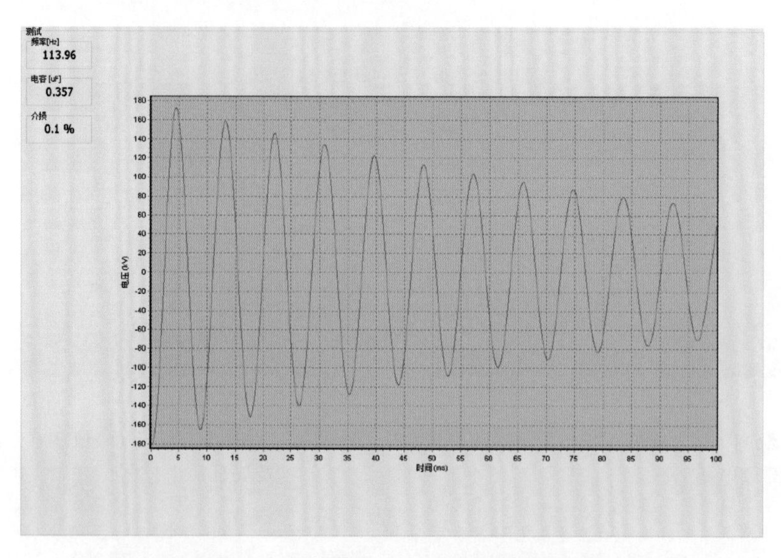

图 283　B 相(绿)$1.0U_0$(峰值 181.0 kV)介损值 0.1%<0.2%

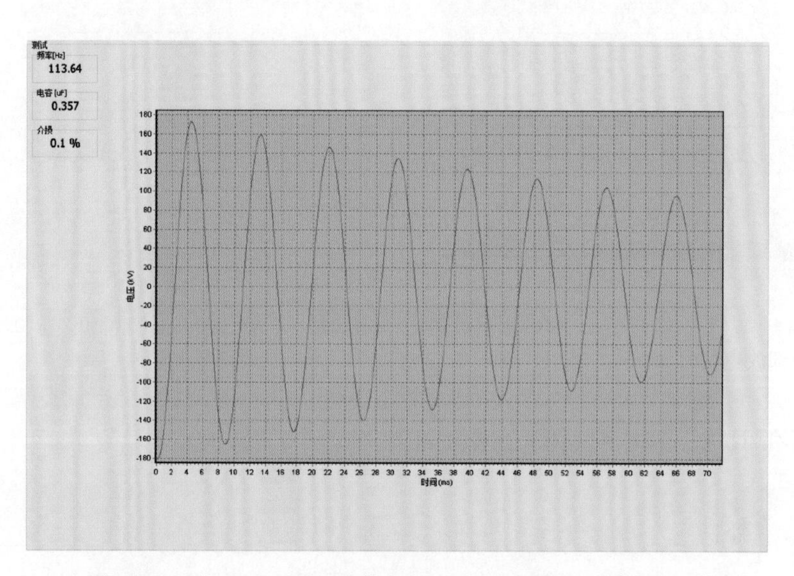

图 284　C 相(红)$1.0U_0$(峰值 181.0 kV)介损值 0.1%<0.2%

(四) 试验结果

综合现场检测数据并结合已有经验进行分析,可得出以下结论。

该电缆线路通过了最高电压为 $1.4U_0$ 振荡波耐压试验,无重大缺陷(击穿)发生;在最高电压为 $1.4U_0$ 振荡波局部放电试验中,电缆本体和附件均未检测到明显高于背景可测的局部放电信号,在电缆三相近端处存在局部放电,介损值<0.2%未发现明显电缆老化现象。三相局部放电定位图谱如图 285 所示。

根据放电幅值,参考 DL/T 1576,电缆终端放电幅值小于 5 000 pC,为合格;同时由于本次试验由于现场环境,未在终端进行防晕处理,故有可能为终端外部干扰。综上所述,根据电缆终端的放电趋势,其实际放电电压(峰值 90.5 kV)和放电幅值基本相似,故判断为由于加压导致的外部放电干扰。

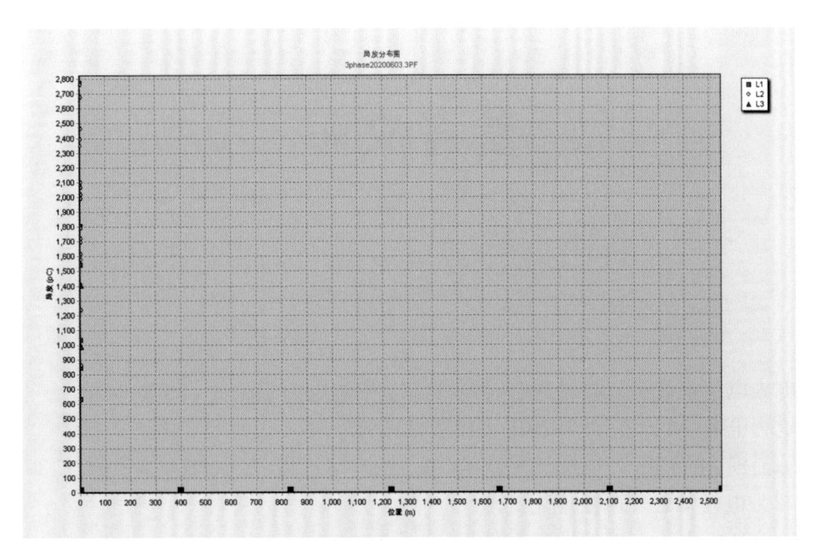

图 285　局部放电定位图谱

(五) 小结

采用振荡波耐压局部放电检测系统,对某线路 A、B、C 三相分别开展了阻尼振荡波电压下现场局部放电测试并进行电缆绝缘健康水平诊断及检修策略建议。

根据试验结果,建议:

(1) 振荡波耐压局部放电检测数据可作为资产管理数据,以便下次调用对比评估;

(2) 有条件可结合其他耐压试验或交接验收试验数据制定下一步检修计划。

参考文献

[1] 史传卿. 电力电缆安装运行技术问答[M]. 北京：中国电力出版社，2004.

[2] 史传卿. 电力电缆[M]. 北京：中国电力出版社，2005.

[3] 张仁豫，陈昌渔，王昌长. 高电压试验技术(第三版)[M]. 北京：清华大学出版社，2009.

[4] DL/T 664 带电设备红外诊断应用规范.

[5] DLT 1253—2013 电力电缆线路运行规程.

[6] 张磊，秦旷. 电网设备状态检测技术问答[M]. 北京：中国电力出版社，2019.

[7] 吴笃贵. 电缆线路交接与预防性试验技术综述[J]. 华东电力，2013，41(05)：1075 - 1080.

[8] 周路遥，曹俊平，王少华，等. 基于多状态量特征及变化规律的高压电缆状态综合评估[J]. 高电压技术，2019，45(12)：3954 - 3963.

[9] 何波，付旭平，施佩珺，等. 串联谐振试验系统在电缆耐压试验中的应用[J]. 电线电缆，2002(01)：37 - 39.

[10] 斯培灿. 浅谈交联聚乙烯电力电缆的交接、预防性试验[J]. 电线电缆，2002(05)：45 - 47.

[11] 陈铮铮，赵健康，欧阳本红，李建英，李欢，王诗航. 直流与交流交联聚乙烯电缆料绝缘特性的差异及其机理分析[J]. 高电压技术，2014，40(09)：2644 - 2652.

[12] 钟志毅，欧景茹，郭铁军. 交联聚乙烯绝缘电力电缆交流耐压试验研究[J]. 电网技术，2007(S1)：108 - 111.

[13] 屠德民. 直流耐压试验对交联聚乙烯电缆绝缘的危害性[J]. 电线电缆，1997(05)：33 - 37.

[14] 郑麟骥，王焜明. 高压电缆线路[M]. 北京：水利电力出版社，1983.

[15] 马国栋. 电线电缆载流量[M]. 北京：中国电力出版社，2003.

[16] 史传卿. 供用电工人技能手册. 电力电缆[M]. 北京：中国电力出版社，2004.

[17] 何邦乐，黄勇，叶頲，等. 基于 PSO - LSSVM 的高压电力电缆接头温度预测[J]. 电力工程技术，2019，38(01)：31 - 35.

[18] 陈忠. 串联谐振耐压试验的现场问题及解决方法[J]. 电网技术，2006(S1)：211 - 213.

[19] Q/GDW 11316—2018 高压电缆线路试验规程.

[20] QGDW 11223—2014 高压电缆线路状态检测技术规范.

[21] 周志强. 基于宽频阻抗谱的电缆局部缺陷诊断方法研究[D]. 华中科技大学，2015.

[22] 李蓉，周凯，万航，谢敏，饶显杰. 基于输入阻抗谱的电力电缆本体局部缺陷类型识别及定位[J]. 电工技术学报，2021，36(08)：1743 - 1751.

[23] 夏荣，赵健康，欧阳本红，姜伟，刘海志，李俊. 阻尼振荡波电压下 110 kV 交联电缆绝缘性能检测

[J]. 高电压技术,2010,36(07): 1753 - 1760.
[24] 原佳亮,陈佳,王骁迪. X 射线成像技术在电缆及附件缺陷探测方面的应用[J]. 中国设备工程,2021(02): 118 - 119.
[25] 曹俊平,王少华,任广振,刘浩军,杨勇,杨先进. 高压电缆附件铅封涡流探伤方法试验验证及应用[J]. 高电压技术,2018,44(11): 3720 - 3726.
[26] 唐华溢. 涡流与电磁超声复合无损检测技术研究[D]. 浙江大学,2014.